KIRSTI LUDWIG
SHARON WILSIE

Horse Speak®

Die Basis für feines Reiten

KÖRPERLICH UND
MENTAL IN BALANCE

KOSMOS

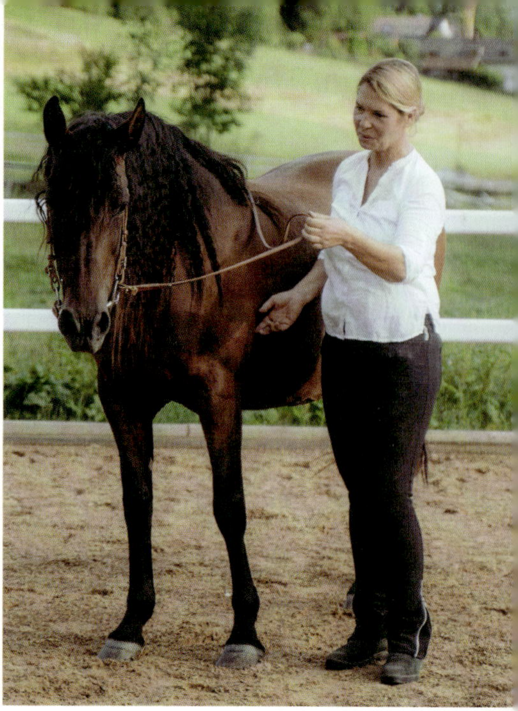

Inhalt

Von Herzen für Sharon und Laura, Brilhante und alle Pferde dieser Welt

ZUM GELEIT

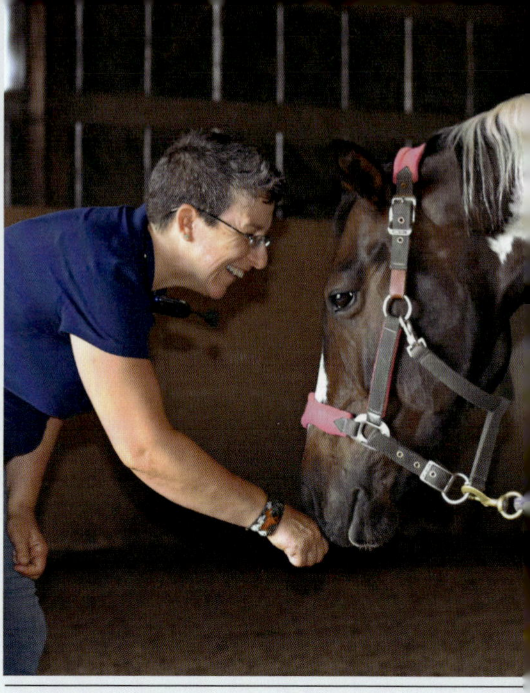

Ich traf Kirsti Ludwig zum ersten Mal, als ich einen viertägigen Kurs gab. Sie war eigens dafür den ganzen Weg nach Washington State geflogen. Wir verstanden uns auf Anhieb!
Kirsti ist eine so erfahrene Reiterin, die sich intensiv damit beschäftigt hat, wie man Pferde am besten körperlich auf ein feines Reiten vorbereitet. Ich schätze ihre Arbeit und sie mochte meine – und deshalb wollte sie den Weg mit mir weitergehen.

SPRACHKURS PFERD

Ich hatte gerade mein erstes Buch Sprachkurs Pferd veröffentlicht und war selbst noch dabei zu lernen, wie man dieses Thema unterrichtet. Horse Speak enthält so viel, was über das hinausgeht, was die meisten Menschen im Zusammenhang mit Pferden zu denken gewohnt sind. Um mit einem Pferd sprechen zu können, muss man sich selbst besser kennen. Will man seinen Körper bewusst für die Körpersprache einsetzen, muss man auf das achten, was man normalerweise unbewusst tut.
Seit einigen Jahren nun ist Kirsti schon Horse Speak-Practitioner. Ihre Erfahrung als Reitlehrerin, Autorin und Therapeutin prädestiniert sie dafür, Horse Speak in ihre Arbeit einzubeziehen. Sie bietet Lehrgänge und Seminare über Horse Speak an. Jedes Mal, wenn wir in Deutschland unterrichten, verbringen wir viel Zeit miteinander, und ich bin immer wieder beeindruckt von ihrer aufrichtigen Freundlichkeit und ihrer Sorge um das Wohlergehen der Pferde. Als Ausbilderin ist sie ebenso mitfühlend und achtsam, während sie gleichzeitig klare, gezielte Ratschläge gibt.

IM SATTEL

Ich finde die Idee zu diesem Buch großartig. Es ist faszinierend, die Vorbereitung eines Pferdes auf das Reiten aus einer „pferdezentrierten“ Perspektive zu betrachten. Wir berücksichtigen dabei die Weltanschauung und die persönlichen Erfahrungen des Pferdes. Viele Button-Kommunikationen fließen in Gespräche ein, die ein Pferd auf eine ausgeglichene Arbeit unter dem Sattel vorbereiten. Es wurde deutlich, dass die Vermittlung von Sicherheits- und Schutzbotschaften für diejenigen, die so fein auf die Stressfaktoren dieser Welt reagieren, eine Notwendigkeit darstellt.

VERBINDUNG FINDEN

Pferde sind ein friedliebend. Sie haben ein inneres Zero. Als Beutetiere würden sie vor jeder Gefahr fliehen. Zu oft habe ich miterlebt, wie ein Mensch dieses empfindliche Tier in Panik versetzte. Wir wollen kein Räuber-Beute-Verhältnis, sondern unsere Gemeinsamkeiten finden: Pferd und Mensch sind soziale Spezies. Den Raum

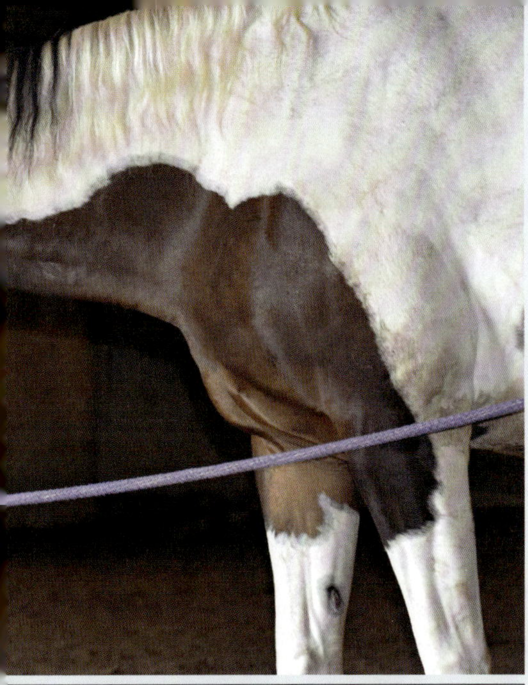

»Pferde sind dankbar, wenn wir versuchen, ihre Sprache zu sprechen.«

Sharon

Sharon Wilsie entschlüsselte die Sprache der Pferde.

mit einem Pferd zu teilen, ist mehr als eine nette Idee! Es zeugt nicht von Durchsetzungskraft oder Geschick, ein Tier zu schikanieren, das im Stillen leidet. Jeder kann ein Pferd zwingen, eine Zeit lang zu gehorchen. Manche Pferde ertragen es, ein paar wehren sich.
Fragt man dagegen ein Pferd: „Darf ich dir Hallo sagen?", hat das den gegenteiligen Effekt: Seine Augen öffnen sich weit, ein Schimmer von Hoffnung und Enthusiasmus ist zu sehen. Ich habe erlebt, dass Pferde, wenn wir nur ein paar Worte in ihrer Sprache lernen, uns helfen, mehr und mehr zu sehen. Sie nehmen uns nicht nur auf ihren Rücken, sondern in ihr Herz.
Diese Erfahrung ist unbezahlbar. Keine Schleife, keine Auszeichnung, kein egogetriebenes Bedürfnis nach Anerkennung kann einem Pferd das Wasser reichen, das voll und ganz anwesend ist und uns die Tür geöffnet hat, damit wir eintreten können.

DANKE KIRSTI

Ich bin sehr froh, dass Kirsti den nächsten Schritt gemacht hat und ein Buch geschrieben hat, das beides beinhaltet: einen intelligenten Ansatz, um Pferden zu helfen, uns gut und mit einem Gefühl der Anmut zu tragen, und positive Ideen, wie wir mit ihnen sprechen können, während wir beisammen sind.
Danke, Kirsti, für deinen unermüdlichen Einsatz, Pferden eine Stimme zu geben!

Sharon Wilsie

Vertrauen sichtbar gemacht, Freundschaftsbutton an Freundschaftsbutton

FREUNDE

Dies ist ein Buch über Pferdeausbildung, das auf der Sprache der Pferde basiert. Aber was bringt es mir als Reiter zu wissen, wie und über was Pferde kommunizieren? Wurden Pferde nicht über Jahrhunderte zu Reitpferden ausgebildet, ohne das Wissen um die Sprache der Pferde? Ja sicher! Natürlich kann man ein Pferd „rein handwerklich" zu einem „funktionierenden" Freizeit- oder auch Sportpartner ausbilden. Aber sehen wir mal genauer hin.

Viele Pferde verbringen ihr Leben größtenteils in einem „goldenen Käfig", dürfen nur allein auf die Koppel oder gar nicht. Der Besitzer kommt kurz vor der „Einheit" an den Stall, hektisches Putzen, Sattel drauf, Lektionen üben, Leckerli reinschieben, tätscheln und schnell heim, das Pferd ist „gemacht".

Nichts schafft mehr Verbindung (die Basis für feines Reiten) als gemeinsame reitfreie Zeit.

PARTNER ODER SPORTGERÄT?

Habe ich das Pferd „gemacht" oder habe ich etwas *mit* meinem Pferd oder gar *für* mein Pferd gemacht? Wie würde man so ein Verhältnis definieren? „Freundschaft"? Wohl kaum. Eine echte Freundschaft funktioniert nur mit einem ausgewogenen Geben und Nehmen. Die wenigsten Menschen überlegen sich auf dem Weg in den Stall, wie sie zum „Traummenschen" für ihr Pferd werden können. Die Gedanken drehen sich fast ausschließlich darum, das Pferd noch ein wenig mehr zu seinem Traumpferd zu „machen": Es soll richtig angaloppieren, den Kopf runternehmen, brav sein beim Ausreiten. Pferde sind aber fühlende Wesen wie wir, mit eigener Persönlichkeit, mit Bedürfnissen, Vorlieben und Abneigungen. Sie haben es verdient, auch so behandelt zu werden: wie ein guter Freund, ein geliebtes Kind oder schlicht, wie man selbst behandelt werden möchte – mit Respekt, Achtsamkeit und Liebe.
Geben wir unseren Pferden eine Stimme und lernen ihre Sprache, besteht die Chance, neben einem verlässlichen Reitpferd auch einen echten Freund zu gewinnen.

Eure Kirsti

HORSE SPEAK

— *eine gemeinsame Sprache*

DIE GRUNDLAGE FÜR VERTRAUEN

Horse Speak bereichert die rein handwerkliche Ausbildung des Pferdes auf vielfältige Art und Weise: Eine gemeinsame Sprache ist die Grundlage für Vertrauen. Horse Speak klärt uns außerdem auf über Hintergründe, warum Pferde sich so verhalten, wie sie es tun.

Stell dir vor, du strandest auf einem fremden Kontinent. Solange du die Sprache nicht verstehst, fühlst du dich unsicher. Fände sich jemand, der deutsch spricht, würdest du dich ihm erleichtert anschließen. Nicht anders geht es unseren Pferden. Sie sind unendlich dankbar, wenn da jemand ist, der sich bemüht, ihre Sprache zu lernen. Das entstandene Vertrauen hebt das Reiten auf eine neue Ebene. Das Pferd sucht die Zeit mit dir und entscheidet sich in kritischen Momenten für dich.

Der Schulterbutton (Freundschaft) ist wichtig für Brilli. Ich halte ihn mit Respekt vor seiner Blase.

Das Wissen z. B. über den Rückwärtsbutton macht eine präzise und höfliche Kommunikation möglich.

ZUSAMMENHÄNGE VERSTEHEN

Wissen wir beispielsweise um die *Werte* der Pferde, geht uns manches Licht auf. Ganz essenziell für Pferde ist das Thema *Sicherheit,* das kann entscheidend sein, ob ein losgelassenes Reiten in korrekter Stellung und Biegung möglich ist. Oder wusstest du zum Beispiel, dass der *persönliche Raum* (S. 34) das Nummer-Eins-Gesprächsthema unter Pferden ist?
Hintergrundwissen wie dieses kommt besonders bei der Boden- oder Handarbeit zum Tragen.

DIE BUTTONS

Das Wissen über die *Buttons,* also Bereiche am Körper, die Pferde unter sich verwenden, um bestimmte Botschaften zu senden, eröffnet auch bezüglich der Ausbildung ganz neue Dimensionen. Erstens können wir im Alltag präziser und damit „leiser" bezüglich unserer Anfragen werden. Das schätzen Pferde, eine *low calorie conversation* entsteht (= so viel wie nötig, so wenig wie möglich). Kennen wir die Bedeutungen hinter den Buttons, können wir dies zweitens auch in der Bodenarbeit oder beim Reiten berücksichtigen. Und drittens gibt es noch die Möglichkeit, „Gespräche" mit den Buttons eines Pferdes zu führen, um das Pferd besser kennenzulernen (Der perfekte Horse Speak-Tag, S. 56).

SEEING VERSUS LOOKING

„Nicht gesehen" zu werden ist der Zustand, in dem viele Pferde ihr Leben verbringen. Das kann unter Umständen noch schlimmer sein, als schlecht behandelt zu werden. Auf Pferde bezogen trifft oft beides zu.
Die Philosophie des Horse Speak hilft uns, unser Pferd wirklich zu *s e h e n*, kennenzulernen, es zu verstehen und ihm zu helfen, glücklich und entspannt sein Leben genießen zu können.

Von der freudigen Anziehung von Weitem ...

EINE FRAGE DER HÖFLICHKEIT

Ärgerst du dich jeden Tag über die Kollegin im Büro, die nie grüßt? Damit zeigt sie schlechtes Benehmen.
Wusstest du, dass Pferde auch ein *Begrüßungsritual* haben? Kannst du dir vorstellen, wie sehr sie sich freuen, wenn sie von *ihrem* Menschen endlich höflich begrüßt werden? Der erste Eindruck ist bekanntlich entscheidend. So wirkt sich das Ritual einer korrekten und auch liebevollen Begrüßung sehr positiv auf das weitere Zusammensein aus, ganz gleich, ob es um einen Schmiedtermin oder ein Schulterherein geht.
Horse Speak ist die Basis für feines Reiten, das entstehende Vertrauen macht grobes Einwirken, um das Pferd „im Griff zu haben", unnötig. Das Pferd ist entspannt, bei seinem Menschen, sucht sozusagen mental zur Hand. Allein durch tiefes Vertrauen lässt sich aber kein korrekter Zirkel reiten. Horse Speak steht für die mentale Seite der perfekten Balance, die körperliche Seite darf aber nicht vergessen werden! Möchte ich mich auf ein Pferd setzen, muss ich es auch befähigen, mich zu tragen (S. 68).
Horse Speak kann dazu führen, dass Pferde uns wählen, weil die Zeit mit uns besser ist als alles andere.

MEINE LEHRMEISTER, DIE PFERDE

Sharons Wunsch an mich war es, kein trockenes Lehrbuch zu schreiben, sondern neben der Theorie viel aus meinem Alltag mit Horse Speak und den Pferden zu erzählen. Diesem Wunsch komme ich gerne nach. Die beiden Hauptprotagonisten möchte ich vor-

... zur liebevollen Begrüßung

ab gern vorstellen – eine gute Vorstellungsphase ist ja extrem wichtig für alles weitere. Nicht zufällig hat mir der liebe Gott zum richtigen Zeitpunkt zwei „Pferde mit Geschichte“ geschickt: Toni und Famosa. Diese Pferde sind die besten Lehrmeister, da sie Themen in aller Deutlichkeit zeigen, die eigentlich alle Pferde haben. Daher findet ihr sie im Folgenden immer wieder, unter der an Alois Podhajski angelehnten Überschrift „Meine Lehrmeister, die Pferde“.

MEINE LEHRMEISTER, DIE PFERDE

Brilhante, mein eigenes Pferd, und ich haben uns schon immer gut verstanden, einfach, weil ich ihn immer fair behandelt habe und er mich weder am Boden noch im Sattel je fürchten musste. Horse Speak hob unsere Verbindung aber auf ein ganz anderes Level: Eines Morgens kam ich sehr früh, Lukasz hatte die Pferde gerade auf die Koppel gelassen, sie liefen noch den Weg entlang. Brilli sah mich von schräg hinten kommen, machte kehrt und kam trotz der Option Koppel und gegen die Herde zu mir zurück.

TONI

Toni hatte in seinem jungen Leben schon gelernt, dass von Menschen nichts Gutes zu erwarten ist. Er gehört zu den Pferden, die mit angelegten Ohren deutlich machen, was sie davon halten, wenn jemand auf der Stallgasse durch ihre *Blase* läuft. Wollte man Toni anfangs von A nach B bringen, kam es vor, dass man sich bei C wiederfand. Hufe auskratzen bzw. ausschneiden war nicht ungefährlich, die Decke an- und sogar auszuziehen erforderte Mut, besonders in der Box. Das Näherkommen und Öffnen seiner Boxentür hatte einen wütenden Blick zur Folge. Seine Drohungen waren nie leere Drohungen.

> *»Verwirrung und Schmerzen oder die Erinnerungen daran sind häufige Gründe für die Schwierigkeiten zwischen Mensch und Pferd.«*
>
> *Sharon*

Nachdem Toni „fremdelt", blieb ich im Unterricht einige Wochen am Rand seiner *Blase des persönlichen Raumes.* Auf diese Art und Weise konnte auch er mich entspannt kennenlernen.

In der Arbeit wirkte er mit seinen fünf Jahren, „faul", er bewegte sich keinen Schritt mehr als nötig. Das war zum einen etlichen körperlichen Baustellen geschuldet, zum anderen der Tatsache, dass er den Menschen „nicht mehr folgen" wollte (*Folge-mir-Button, S. 42*) – nirgendwohin. Er war erstarrt. Jegliche Form der Boden- oder Handarbeit gestaltete sich aufgrund der Nähe schwierig. „Wollte" man etwas von ihm, rief dies erbostes Schnappen hervor. Einige Jacken und Gerten mussten dran glauben. Bezüglich des Sattelns traten wir sehr lange gefühlt immer einen Schritt nach vorne und zwei zurück. Das hat seine Gründe: Toni wurde mit einer Tendenz zum Senkrücken geboren. Um ihn verkaufen zu können, wurde er ohne jegliche geraderichtende, stärkende Vorbereitung in drei Monaten zugeritten. Das hat er weder mental noch körperlich verkraftet. Die fehlende Zeit und Geduld hat zu Verwirrung *u n d* Schmerzen geführt.

Die Herausforderung mit einem Pferd wie ihm ist unendliche Geduld und Liebe. Du denkst, ein Problem ist gelöst, bis eine Kleinigkeit altes Verhalten triggert. Das kann eine kleine Änderung sein, eine Person zum Beispiel, der falsche Zeitpunkt, die falsche Reihenfolge, einmal zu viel gefragt beziehungsweise die Pause nicht richtig gesetzt ... Ich konnte sein Vertrauen so weit gewinnen, dass ich ihn letztlich reiten durfte, das war aber nicht übertragbar.

FAMOSA

Auf den ersten Blick ist Famosa das einfachere Pferd, unkompliziert im Umgang. Bei näherem Hinsehen vielleicht zu unkompliziert. Führte man sie die Stallgasse hinunter, schaute sie nicht nach links oder rechts, sie „funktionierte". Famosa hatte bei dem Versuch, sie aus dem Galopp durchzuparieren, zweimal schwere Unfälle verursacht. Sie stieg als Antwort und überschlug sich. Das Wesen, das eigentlich Jedem jeden Wunsch von den Augen ablesen möchte, musste mitansehen, was sie „angerichtet" hatte. Sie sollte als „unreitbar zurück nach Spanien" gehen, das heißt eigentlich „in die Wurst".

Die Ursache für das, was passiert ist, ist in Famosas suboptimalem Körperbau, gepaart mit mangelhafter Pferdeausbildung, zu suchen. Sie wurde geritten, ohne ihren langen, schwachen Rücken vorher am Boden durch ein korrektes Vorwärts-abwärts anzuheben und zu stärken und so ein Untertreten möglich zu machen. Das hatte zur Folge, dass sie dem Wunsch, aus dem Galopp durchzuparieren, nicht nachkommen *k o n n t e.* Sie brachte die Hinterbeine nicht unter sich und sah keine andere Möglichkeit, gehorsam

zu sein, als beginnend aus dem Hochreißen des Halses zu stoppen. Durch den Schwung im Galopp mündete dies im Steigen. Diese Erlebnisse traumatisierten sie derart, dass sie in dem Moment, indem jemand auch nur daran dachte, auf sie aufzusteigen, innerhalb einer Sekunde Panik bekam: Fluchthaltung mit hohem, steinhartem *Folge-mir-Button* (S. 42), das Weiße in ihren Augen wurde sichtbar, das Maul verkniffen, der Schweif eingeklemmt.
Durch Horse Speak als Basis, die Bodenarbeit am Kappzaum und das Longieren konnten wir ihr über Monate zu einem besseren Körpergefühl und mehr Ruhe verhelfen. In dem Augenblick, in dem jemand aufsteigen wollte, war dennoch alles beim Alten. Wir unternahmen insgesamt vier Versuche, dieses Trauma zu überschreiben, waren nahe am Aufgeben. Schließlich überließen wir alles ihr, sie konnte entscheiden, ob sie mit dem Reiter gehen oder stehen wollte. In ihrem Fall führte dies, gemeinsam mit aller Vorarbeit, dazu, dass sie (zunächst) im Schritt von ihrer Besitzerin zu reiten war.

Toni und Famosa lehrten mich, wirklich hinzusehen. Das ist es, was sie und eigentlich alle Pferde brauchen: wahrhaftig gesehen zu werden.

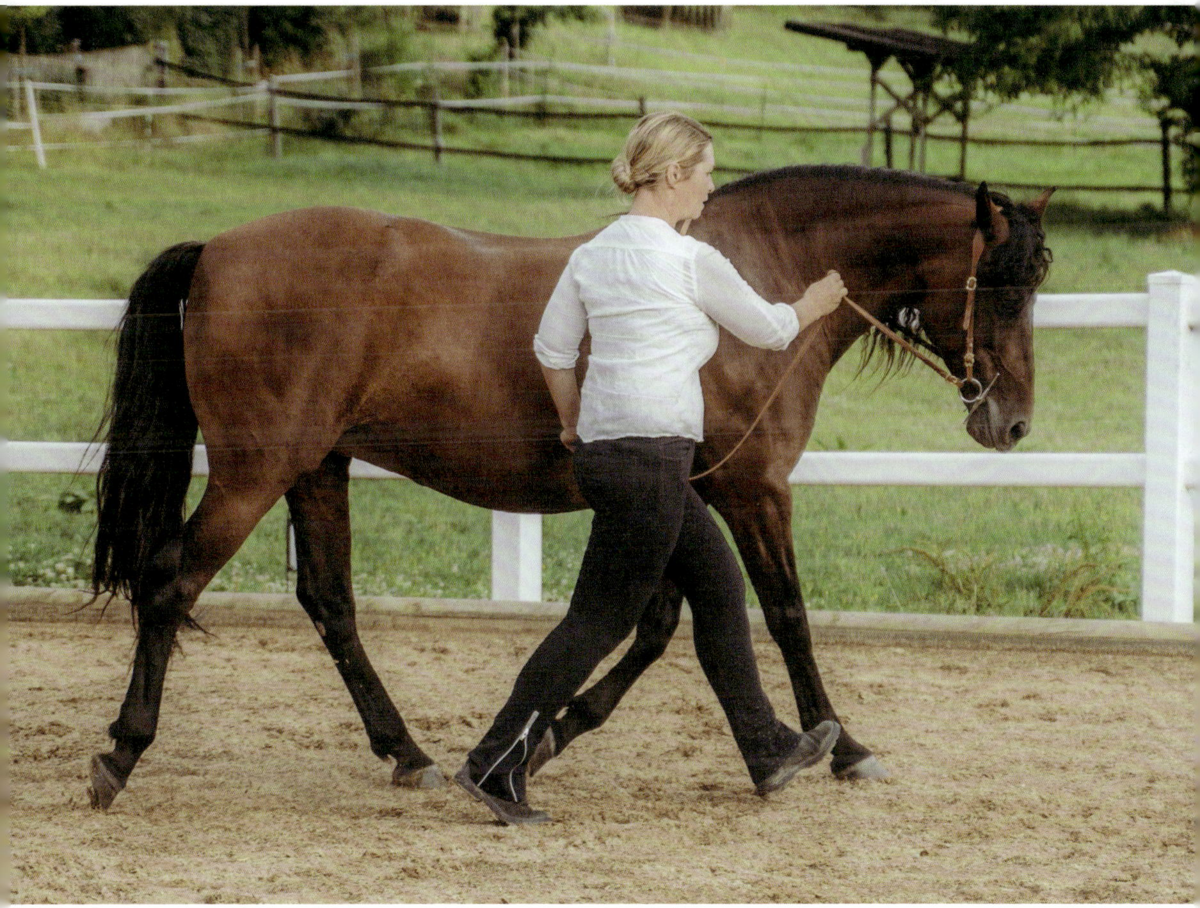

Reset: Famosa lernte das Basis-ABC der Hilfen vom Boden aus.

ICH SEHE DICH

Eines der schlimmsten Dinge, die einem Lebewesen passieren können, ist, nicht gesehen zu werden. Bist du unglücklich verliebt, dann erzählst du einer Freundin vielleicht: „Der sieht mich gar nicht." Nicht wenige Pferde leiden sicher darunter, ihr Leben lang benutzt, aber nicht wirklich gesehen zu werden.

Es geht darum, hinter die Hülle eines Pferdes zu blicken, nicht nur das schicke Sportpferd mit den spektakulären Gängen zu sehen, sondern die Seele dahinter, das fühlende Wesen mit seinen Erfahrungen, Nöten, Wünschen, Vorlieben und Abneigungen. Fühl dich hinein in dieses Tier, zeige und sage ihm (jeden Tag), dass du es liebst. Respektiere, *s e h e* und behandele es dementsprechend, wie einen Freund oder wie du selbst behandelt werden möchtest.
Versuche, besonders in speziellen Situationen daran zu denken. In einem „Eitel-Sonnenschein-Moment" ist es nicht schwierig, freundlich zu sein. Ich denke hier besonders ans Reiten, wenn es mal nicht so klappt. Kannst du Sporen, Kandare, Ausbinder also vielleicht noch einmal überdenken? Wie würde es dir als Pferd gehen, würden diese Mittel eingesetzt, obwohl du die Aufgabe einfach nicht verstanden hast oder körperlich dazu nicht in der Lage bist?
Ein Teil der großartigen Wirkung von Horse Speak beruht darauf, dass Pferde sich endlich gesehen fühlen. Der Mensch muss zuerst hinsehen und beobachten, um verstehen und antworten zu können. Ganz ähnlich verhält es sich bei uns Menschen mit dem Zuhören. Thich Nhat Hanh sagt dazu: „Tiefes Zuhören ist die Grundlage von Right Speech. Wenn wir nicht aufmerksam zuhören können, können wir die rechte Rede nicht praktizieren. Ganz gleich, was wir sagen, es wird nicht achtsam sein, weil wir nur unsere eigenen Ideen äußern und nicht als Antwort auf die andere Person sprechen werden."
Ganz besonders in dem Augenblick, in dem wir Pferde spiegeln, müssen wir genau hinsehen und hinhören!

SPIEGELN

„Urteile nicht über einen Menschen, in dessen Mokassins du nicht zwei Monde gegangen bist", heißt es. Durch das Spiegeln ist es tatsächlich möglich, in die Schuhe des anderen zu schlüpfen und ihn so besser zu verstehen.
Menschen und Pferde besitzen eigens für das Spiegeln Nervenzellen, sie heißen Spiegelneuronen: „Das Besondere an Spiegelneuronen ist, dass sie dasselbe Aktivitätsmuster aufweisen, wenn man eine Handlung beobachtet, wie wenn man dieselbe Handlung selbst durchführen würde. Durch die Simulation der Handlung entstehen im nächsten Schritt dann die Gefühle, die auch entstehen würden, wenn Sie die Handlung selbst durchführten. Dieser Ablauf im Gehirn ist die Grundlage für emotionale Empathie, da Sie automatisch nachempfinden, was Ihr Gegenüber fühlt."[1]

---

1 Carlo Düllings, Homepage Empathie Akademie Carlo Düllings

Das Spiegeln spielt auch für das Lernen eine wesentliche Rolle: Ein Fohlen lernt durch Abschauen und Nachmachen, wie man sich als Pferd verhält. Es sorgt auch für Verbundenheit: Zwei Pferde, die sich gut verstehen, grasen häufig Seite an Seite, teils synchronisiert in ihren Schritten. Übernehmen wir Menschen nun das Spiegeln in unser Repertoire, ist dies eine tolle Möglichkeit, sein Pferd nochmal besser kennenzulernen und so mehr Nähe aufzubauen.

VOM SPIEGELN ZUM FÜHREN

Die Voraussetzung, um zu spiegeln, ist das genaue Hinsehen („Ich sehe dich"). Du bekundest Interesse an deinem Pferd und zeigst, dass du es gut findest und dich ihm anschließt.
Das kann eine gute Voraussetzung sein, um die Sache umzukehren. Jetzt machst du Vorschläge: schneller, langsamer oder auch erhabener gehen, anhalten, einen Schritt rückwärts. Man muss nicht wirklich etwas „können", um ein Pferd zu spiegeln, man muss der Sache genug Bedeutung zumessen und sich die Zeit nehmen. Befindet sich dein Pferd frei auf der Koppel oder in der Halle, ist es schön, darauf zu achten, es nicht zu bedrängen. Bleibe am Rand seiner *Blase* (S. 34), sodass es sich dennoch wirklich frei fühlt zu agieren, wie es möchte. Für Sharon ist *Spiegeln* mit *die* Grundlage für gutes Reiten, sie sagt: „Wir müssen verstehen, wie sie sich bewegen, bevor wir sie bewegen."

Beim Spiegeln versuchen wir, uns regelrecht in die Pferde hineinzuversetzen. Auch sonst ändert es viel, bewusst hinzusehen, um zu verstehen, was ihr Leben lebenswert macht.

Spiegeln ist ein wichtiger Schritt, wenn du das Erkennen der Körpersprache von Pferden in dein Unterbewusstsein verlagern möchtest.

Enrichment: Ressourcen und Zeit teilen

ENRICHMENT: WAS MACHT DAS LEBEN LEBENSWERT?

Pferde tun vieles für uns, was für sie eher sinnbefreit ist. Das beginnt nicht erst bei zehn Traversalen durch die Halle. So ist es nur fair, sich zu überlegen, was ein Pferd sich von uns wünschen würde.

Es macht für ein Pferd einen Unterschied, ob ein Mensch immer nur kommt, um „schnell, schnell" zu reiten, und es dann eilig, vielleicht sogar verschwitzt, wieder in die Box stellt. Es ist eher unwahrscheinlich, dass so eine vertrauensvolle Beziehung entsteht, man lernt sich nie wirklich kennen. Das Pferd wird seine Arbeit nicht gut oder gar mit Freude tun. Stelle dir vor, wie es dir als so „benutztes" Pferd gehen würde.

Wie anders ist es, wenn der Mensch auch sonst viel Zeit mit dem Pferd verbringt und wirklich interessiert ist daran, was für Fragen, Ängste und Vorlieben es hat, man gemeinsam Mahlzeiten einnimmt oder gar versucht, seine Sprache zu lernen. Dies kann zu tiefem Vertrauen und Freundschaft führen. Es gibt nichts, was bereichernde gemeinsame Zeit ersetzen kann. Ich bin der Überzeugung, dass ein Großteil der Reit-

»Es geht nicht darum, dein Traumpferd zu finden. Es geht darum, der Traummensch für dein Pferd zu werden.«

Kirsti

unfälle nicht passieren würde, würde der Mensch sehr viel mehr reitfreie Zeit mit seinem Pferd verbringen. Es kann kaum die richtige Konsequenz sein, ein schärferes Gebiss einzuschnallen, nachdem man abgebockt wurde. Vielmehr gilt es zu überprüfen, an welchem Punkt man ein „Nein" des Pferdes übersehen hat.

GEBEN UND NEHMEN

Eine Beziehung, ganz gleich welcher Form, ist immer ein „Geben und Nehmen". Von der zehnten Satteldecke hat ein Pferd nicht wirklich etwas. Es geht darum, zu erkennen, was dem Anderen Freude bereitet – und sich dafür Zeit zu nehmen.

MEINE LEHRMEISTER, DIE PFERDE

Mein Pferd Brilhante liebt es, frei durch die Stallgasse zu stromern, sich alles ganz genau anzusehen. Dabei kommt er total runter. Nichts und niemand will etwas von ihm, er kann mit aller Zeit die Welt verarbeiten. Sharon hat das einmal mit dem Glücksgefühl von uns Menschen beim Shopping verglichen.
Ich habe nie auf das Handy geschaut, wenn ich mit Brilhante grasen gegangen bin, aber nun habe ich begonnen, genau hinzusehen, wo seine Lieblingsstellen sind und was genau er gerne frisst. Gern nehme ich mir auch die Zeit, Brillis Schüssel mit Futter auf der Höhe zu halten, auf der es am bequemsten ist für ihn. Danach biete ich ihm etwas zu trinken an. So fühlt er sich gesehen und umsorgt und wird ganz ruhig. In diesen Momenten schenkt er mir regelmäßig einen *Nährenden Atem*, also einen nach innen gezogenen Atem. Das klingt ein wenig wie das leise Grunzen eines Schweines, eine Rückmeldung, die besagt: „Du kümmerst dich gut um mich."

DIE SECHS WERTE

Eine großartige Hilfe, um sein Pferd wirklich kennenzulernen und zu wissen, was es für ein glückliches Leben noch brauchen würde, ist das Wissen um die sechs Werte. Es geht darum, sich bewusst zu machen, was meinem Pferd in seinem Leben, aufgrund seiner Erfahrungen und jetzt in dieser Situation wichtig ist.

Nur wenn alle sechs Werte zu einem gewissen Grad erfüllt sind, ist es möglich, entspannt im Zero zu leben und gesund zu bleiben.

Diese sechs Werte sind:

— **Sicherheit**
— **Schutz**
— **Ressourcen**
— **Verbindung**
— **Wohlbefinden**
— **Klarheit**

SICHERHEIT UND SCHUTZ

Die meisten Pferdebesitzer sind spontan der Meinung, dass die *Ressourcen* (in Form von Futter) sicher der wichtigste Wert für ihr Pferd seien. Schaut man aber genau hin, wird klar, dass selbst das verfressenste Shetlandpony nicht den Kopf ins Heu oder Gras senken wird, wenn nicht das ausreichende Quäntchen an *Sicherheit* gegeben ist.

Das Pferd drückt die Verbindung respekt -und liebevoll aus.

Eine große Pylone als Sicherheitsobjekt

Dabeibleiben, die Schüssel halten, Ressourcen teilen

Sicherheit steht für ein Beute- und Fluchttier über allem, das ist bei uns Menschen nicht anders.
Sicherheit und *Schutz* wird oft in einem Atemzug genannt. Dennoch sind es zwei verschiedene Werte. *Sicherheit* beschreibt einen grundsätzlichen Zustand: Ein Dach über dem Kopf als Rückzugsort, Freunde und auch Routinen gehören dazu. Und dann ist da der *Schutz* in einem akuten Moment, wenn der Monstertruck vorbeirattert.
Für viele Pferde ist beides sehr wichtig, aber nicht für alle. Um entspannt (Losgelassenheit!) konzentriert arbeiten zu können, muss ein Pferd wissen, dass sein Reiter die Verantwortung für seinen *Schutz* übernimmt.

RESSOURCEN

Nicht nur Futter und Wasser, auch der persönliche Raum und ein Pferde- oder Menschenfreund können als *Ressource* betrachtet werden. „Bleib weg, das ist mein Freund“, signalisiert ein Pferd einem anderen Pferd mitunter deutlich.
Wird der Mensch dann zum Reiter, ist die Vertrauensperson am Boden weg. Das kann (zunächst) zu einer Verunsicherung führen, im Weiteren aber hoffentlich zu mehr Selbstbewusstsein und Stolz. „Sie sitzt jetzt auf mir.“
Über die Rolle von Leckerli in der Pferdeausbildung geht es ausführlich im Kapitel „Lob“ (Seite 136).

MEINE LEHRMEISTER, DIE PFERDE

Unterrichtseinheit Bodenarbeit, Frage an das Pferd: „Kannst du mir in eine Stellung im Stehen folgen?“ Antwort: „Nein, kann ich nicht, in dem Wald bewegen sich Blätter, wer weiß, ob wir hier sicher sind?“ Ich versuche, die Situation auf dem Schachbrett (S. 30) für das Pferd zu verbessern, indem ich mich zwischen den Wald und das Pferd und seine Besitzerin stelle. Antwort: „Ja, das ist viel besser.“ Der Kopf des Pferdes sinkt etwas, es blinzelt, ein Ohr ist sofort bei uns.

Ganz gleich, wie lang ich den Zügel gebe: Das Pferd sucht die Verbindung.

Wohlfühlmoment der Extraklasse: Fußmassage

VERBINDUNG

Pferde sind Herdentiere, sie *s i n d* Verbindung. Sie wollen sich verbinden und leiden, wenn diese fehlt. Sehr viele Probleme zwischen Mensch und Pferd haben in gewisser Weise mit dem Thema Verbindung zu tun: Pferde, die den Hof (alleine) nicht verlassen wollen oder Pferde, die während der Arbeit in der Halle gedanklich bei ihren Freunden auf der Koppel sind. Die *Verbindung* zu ihren Freunden fehlt und die zu den Menschen ist nicht tief genug.

Gute Voraussetzungen für eine gute Verbindung sind eine gemeinsame Sprache sowie bereichernde gemeinsame Zeit – und vieles mehr. Dieses „gemeinsam", gepaart mit ausreichend Sicherheit und Schutz, ist *d i e* Voraussetzung für feines Reiten ohne Kandaren, Kraft und Hilfszügel.

Sind die oben genannten Faktoren gegeben, sucht das Pferd die „Anlehnung". *Verbindung* wäre eigentlich auch ein passender Begriff. Hier geht es wie immer um die goldene Mitte. Schlackernde Zügel sind unangenehm für ein Pferd, da tritt es nicht gerne hin, aber zu kurze Zügel, die den Hals verkürzen, ebenfalls. Ich finde eine schöne Beschreibung für ein gutes Maß: „Ich bin da, wenn du mich brauchst."

WOHLBEFINDEN

In den meisten Situationen im Alltag haben wir etwas zwischen uns und unserem Pferd, einen Strick, den Sattel, die Zügel, eine Gerte, Putzzeug. Versteht ihr euch gut, so lieben viele Pferde es sehr, wenn wir sie liebevoll anfassen, streicheln, kraulen, einfach die Hand auflegen oder massieren.

Wie wir Menschen bevorzugen einzelne Pferde ganz verschiedene Arten von Berührung, auch an verschiedenen Stellen. Es gibt Bereiche, an denen sie selten Zuwendung erfahren, welche sie dann aber sehr genießen. Dazu zählen die Beine, die Fesselbeuge, der Kronrand, aber auch das Zahnfleisch unter der Oberlippe oder die Kastrationsnarbe. Biete die genannten Massagen bitte immer unter Beachtung deiner Sicherheit an, am besten, du lässt es dir zuerst von jemandem zeigen, der sich damit auskennt.

☞ DIE ZAHNFLEISCHMASSAGE

Laura ist die „Königin" der Zahnfleischmassage. Sie erklärt, wie es geht:
„Das Pferd im Maul zu berühren, birgt viel Potenzial – für Schaden oder Harmonie. Das Gefühl, im intimsten Teil des Pferdegesichts willkommen zu sein, ist eine Ehre und schwer zu beschreiben. Wird die Maulmassage gut ausgeführt, verschmilzt das Pferd mit dir und du mit ihm in einem unbeschreiblichen Tanz der gegenseitigen Heilung.
Die Technik ist einfach: Lege den oberen Teil deiner Handfläche und den Daumen auf den Zahnfleischrand des Pferdes. Das Pferd übernimmt die Körperarbeit, du hältst nur den Kontakt. Drücke nicht mit den Fingern und achte darauf, dass sie geschlossen sind, damit das Pferd dich nicht beißen kann. Wenn der Kontakt die Belastungspunkte im Körper des Pferdes erreicht (Faszien, Muskeln oder Knochen, das bleibt dem Pferd überlassen), halte die Verbindung aufrecht, bis das Pferd dich ‚ausspuckt'. Der Trick besteht darin, mit dem Pferd in seiner Bewegung zu ‚tanzen'. Erlaube ihm, zu führen.

Zahnfleischmassage von Laura: Es gibt nichts Besseres.

KOSTPROBE
Gerade Pferde mit mürrischen Gesichtern, die vielleicht sogar schnappen, haben diese Entspannung oft dringend nötig. Versuche zunächst, genug Vertrauen zu gewinnen, um eine Kostprobe des Kontakts anzubieten. Ziehe dich zurück und gib dem Pferd die Möglichkeit, zu verarbeiten. Viele Pferde suchen dann erneut nach genau diesem Kontakt mit deiner Hand. Vertrauen sie dir, kannst du deine Hand länger im Maul belassen und noch mehr Atem und Komfort bieten.

Du kannst auch versuchen, von der Außenseite in einen Kontakt zu kommen: Lege deine Hand zwischen die Nüstern, drücke sanft mit dem Handrücken auf die weiche Stelle und lasse das Pferd suchen. Leichtes, kreisendes Reiben kann helfen. Du kommunizierst so über den Begrüßungsbutton.
Es ist individuell unterschiedlich, wie viel Druck das Pferd mag. Stelle einen leichten Kontakt her und warte, was dir das Pferd antwortet. Das kann sein: ‚Ich will mehr' oder ‚Ich will weniger' oder sogar ‚Ich will nach links oder rechts oder höher oder tiefer.' Lächle, atme und konzentriere dich auf das warme Gefühl, während du mit dem Pferd so in Verbindung bist. Manche Pferde wollen dies einen Tag lang und dann nie wieder, andere fragen immer wieder danach.
Achtung: Je häufiger ein Pferd eine Zahnfleischmassage wünscht, desto eher solltest du einen Zahnarzt konsultieren. Unausgewogene Zähne können Kiefergelenksbeschwerden, Kopfschmerzen und eine chronisch schlechte Ausrichtung des Kopfes und des Skeletts verursachen. Sind die Zähne in Ordnung, mache dich auf die Suche nach anderen Schmerzen. Gelegentlich kann auch ein emotionales Trauma die Ursache sein. ‚Ich sehe dich' ist ein guter Weg.'"

Entspannte Klarheit in der Hilfengebung dank Yogazügel

EIN GEMÜTLICHES, GESCHÜTZTES HEIM

Welche Haltungsform am meisten zum *Wohlbefinden* des jeweiligen Pferdes beiträgt, ist sicher individuell. Ich favorisiere inzwischen Boxenhaltung mit wirklich täglichem Koppelgang. Denn ein „weicher", gesicherter Schlafplatz, von dem man nicht vertrieben werden kann, ist auch Wohlfühl- und damit Gesundheitsfaktor. Ist dies in einer Offenstallherde durch einen ausreichend großen Liegebereich für wirklich alle Pferde(!) gewährleistet, dann ist das natürlich auch fein. Auch eine unpassende Herdenzusammensetzung ist Dauerstress und kann ein Pferd unglücklich und krank machen, Koliken und Magengeschwüre erzeugen. Es reicht e i n Pferd, das nicht bei sich ist, und die gesamte Gruppe kommt nie zur Ruhe. Übernimm Verantwortung und behebe (möglichst) die Ursache.

Pferde leiden genauso wie wir unter Schlafmangel, ebenso wie unter Einsamkeit und Bewegungsmangel und auch unter Mobbing! Das alles wirkt sich immer auch auf das Wohlbefinden, das Verhalten, das Lernen, massiv auf die Gesundheit und letztlich das Reiten aus! Das einzige Mittel der Wahl ist, die Ursachen zu beheben.

KLARHEIT

Für viele Pferde ist es schwierig, mit fehlender *Klarheit,* vor allem bezüglich unserer Körpersprache, umzugehen. Die einen blenden uns aus, die anderen werden kirre. Besonders bezogen auf die Hilfengebung steht Klarheit natürlich ganz oben auf der Liste für ein gutes Gelingen. Wesentlich ist, dass der Reiter ein genaues Bild von dem, was er reiten möchte, im Kopf hat! Woher

EINE GESCHICHTE

Vordergründig geht es um Wohlbefinden, im Hintergrund geht es auch um (fehlende) Sicherheit und Verbindung.
Ein Pferd auf dem Platz innerhalb der „Arbeit" wälzen zu lassen, ist sicherlich für den einen oder anderen ein „No go". Ich hatte aber gelernt, dass das Wälzen für Toni d a s Mittel ist, um sich in Situationen, die ihn richtig stressen, selbst zu helfen und so ein Mindestmaß an *Wohlbefinden* zurückzuerlangen. Anfangs waren „nur" Führübungen mit mir, einem Menschen, den er nicht kannte, Grund genug, sich auf dem Platz sofort hinzuschmeißen. Das gab er dann mit der Zeit und steigendem Vertrauen zu dieser Situation auf. Das Austauschen des Kappzaums gegen die Trense, sorgte dafür, dass er es wieder brauchte. Die Trense versetzte ihn in einen regelrechten „Erstarrungszustand". Er warf sich hin und wälzte den Stress ab. Anschließend war es ihm möglich, zumindest mitzugehen, wenn auch das Gesicht seinen Stress noch deutlich spiegelte.
Mit dem Bewusstsein für diesen Zusammenhang wusste ich sofort Bescheid, als er ab dem Moment, da auf dem Reitplatz wieder ein Sattel auf seinem Rücken lag, zu scharren begann, und hätte einen Teufel getan, ihn am Wälzen zu hindern. Ich sattelte fix ab, ließ ihn wälzen und sattelte neu. Ich wusste, er braucht es und wird es, wenn ich gut arbeite, auch wieder aufgeben. Und so war es dann auch.

soll das Pferd wissen, wie ein korrektes Schulterherein aussieht, wenn es der Reiter nicht weiß? Nimm dir die Zeit, daheim nachzulesen.
Möchtest du an der *Klarheit* deiner Bewegungen generell arbeiten, kann ich dir nur das Praktizieren von Tai Chi ans Herz legen.

Hole dein Pferd bei dem Thema ab, bei dem es gerade ist.

Das Wissen über die *sechs Werte* ist so unendlich bereichernd für die gesamte Zeit mit deinem Pferd. Im Moment der Annäherung hilft es, sie im Kopf durchzugehen und wahrzunehmen, welches Thema das Pferd abholt. Oft sind Pferde am Fressen, wenn wir kommen, dann ist das Einstiegsthema eindeutig die Ressource. Teile erst einmal ein wenig Heu beziehungsweise zeige darauf, schmatze und verbringe so ein paar entspannte gemeinsame Minuten. Ein anderes Pferd zeigt durch sein gestresstes Verhalten an, dass es ihm gerade an *Sicherheit* und *Schutz* fehlt, das nächste wünscht nichts mehr als *Verbindung* oder *Wohlbefinden,* zum Beispiel in Form einer Massage.
Es hilft dir, die Liste der *sechs Werte* während der gesamten Zeit mit deinem Pferd abzugleichen. Habe sie immer im Kopf.

Betrachten wir die Zeit, die du mit deinem Pferd verbringst, einmal genauer.

DIE ZEIT MIT DEM PFERD

Das Modell der 4 V ist als eine Art roter Faden für unser Zusammensein mit den Pferden zu sehen. Alle Phasen sind wichtig und spannend. Ich möchte dich vor allem auf die so geniale Vorbereitungsphase aufmerksam machen.

Bisher, im „Pferdezeitalter vor Sharon", wurde der Zeit, bevor man aufs Pferd steigt, wenig Beachtung geschenkt, außer vielleicht es gab Probleme – das Pferd ließ sich nicht einfangen oder Ähnliches.
Nachvollziehbarerweise sind aber auch und gerade für ein Pferd der erste Eindruck und alle Details deines Handelns, bis du zum Beispiel dein Schulterherein reiten möchtest, entscheidend dafür, wie gerne es dir an diesem Tag in die Lektion Schulterherein „folgt".

Dank Horse Speak ist es möglich, schon vorab, also bevor man sich begrüßt und anfasst, über die Distanz Gespräche über wichtige Themen zu führen. Das kann die *persönliche Blase* beziehungsweise Raum sein, das können die *Werte* sein oder auch das *Zero und vieles mehr*. So bekommen beide Beteiligten ein Gefühl, mit wem sie es gleich zu tun haben, so lässt sich erstes Vertrauen aufbauen, das Pferd wird sich dir gerne anschließen. Sieh genau hin, was deinem Pferd generell und heute wichtig ist.

DIE 4 V

In der **Vorbereitungsphase** geht es um die Zeit der Annäherung an das Pferd, vor der Begrüßung.

Die Begrüßung selbst ist Thema der **Vorstellungsphase**.

In der **Verhandlungsphase** wird geklärt, wer die Führung übernimmt, abhängig von den zusammentreffenden Persönlichkeiten, aber auch von der Tagesverfassung.

Als **Verbindungsphase** wird die Zeit bezeichnet, in der man schließlich Raum und Zeit miteinander teilt, das kann mehr oder minder alles sein, von zusammen „chillen" bis reiten.

01

02

03

01 Stoppen in der Annäherung, sich entspannen, eine Halte-Hand zum Pferd

02 Den Zaun einnehmen, das Schachbrett sichern

03 Begrüßen von vorn: Arm ausstrecken, liebevoller Blick, weiche Knie

»Wenn ihr eine armselige Vorbereitungs- und Vorstellungsphase hattet, wie soll dann die Verbindungsphase gut werden?«

Sharon

Für die allermeisten Pferde kann es kaum einen besseren ersten Eindruck geben als ein Mensch, dessen erste Handlung eine Schutzgeste ist, der sich dann achtsam annähert und echtes Interesse an ihm zeigt („Ich sehe dich") – gerne auch über einen Zaun oder die Boxenwand hinweg, so fühlen sich beide sicher. Das ist einzigartig an Horse Speak, weil es nichts anderes als die Sprache der Pferde ist, keine „Trainingsmethode"!
Ich möchte dir die Bedeutung der vier Phasen am täglichen Umgang mit *Toni* näherbringen. Bei ihm ist mir besonders aufgefallen, dass die Antwort, ganz besonders auf stressbehaftete Anfragen, während der Verbindungsphase viel von der Anzahl der durchlaufenen Phasen (Quantität) und natürlich auch von deren Qualität abhängig ist. Jedes einzelne Detail, ab dem Moment des Zusammentreffens der zwei **Blasen des persönlichen Raumes**, wirkt sich auf die Qualität des „Jetzt" aus! Viel Einfluss hat immer der Zeitfaktor. Das ist bei uns Menschen nicht anders. Das Profil eines Menschen auf Facebook oder einer Datingplattform entscheidet bereits, ob es überhaupt zu einer Begrüßung kommt oder nicht.
Über das Modell der vier V kannst du ausführlich nachlesen in Sharons Buch „Sprachkurs Pferd, das Trainingsbuch".

MEINE LEHRMEISTER, DIE PFERDE

Käme jemand unangemeldet, ohne wenigstens die zwei ersten Phasen einzuhalten, in Tonis Box, um ihm die Decke auszuziehen, bekäme dieser seinen Missmut zu spüren.
Haben dagegen vorher schon möglichst alle Phasen in Form von respektvoller Annäherung (Vorbereitungsphase), Begrüßung (Vorstellungsphase), „Gemeinsam-irgendwohin-Gehen" (Verhandlungsphase) einschließlich dem gemeinsamen Weg von der Koppel stattgefunden, optimalerweise durch ein paar Minuten gemeinsames „Ressourcen-Teilen" ergänzt, ist das Ausziehen der Decke in der Box möglich, ohne dass Toni sein Zero verliert.
Auch macht es einen Unterschied, ob ich Toni unterrichte (die Besitzerin hat ihn also von der Koppel geholt) und ihn „kurz übernehmen" möchte, um der Besitzerin etwas zu zeigen, oder ob ich alle Phasen von Anfang an mit ihm verbracht habe. Ist Letzteres der Fall, ist seine Blase deutlich kleiner, es ist weniger Widerstand vorhanden, als wenn ich ihn nur mal kurz übernehme, auch wenn wir uns eigentlich kennen!

☞ VERHANDLUNGS- UND VERBINDUNGSPHASE

01

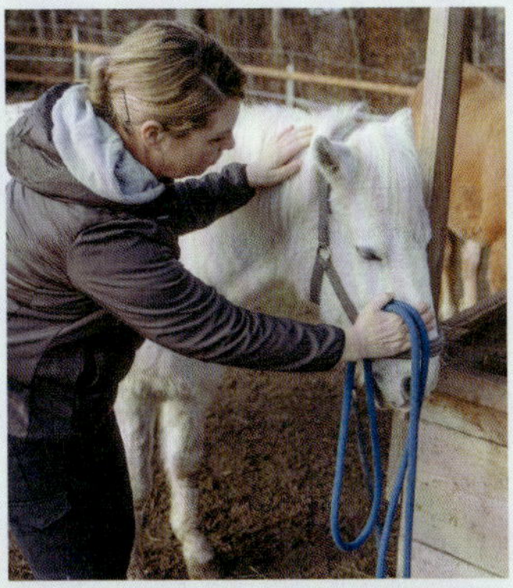

02

03

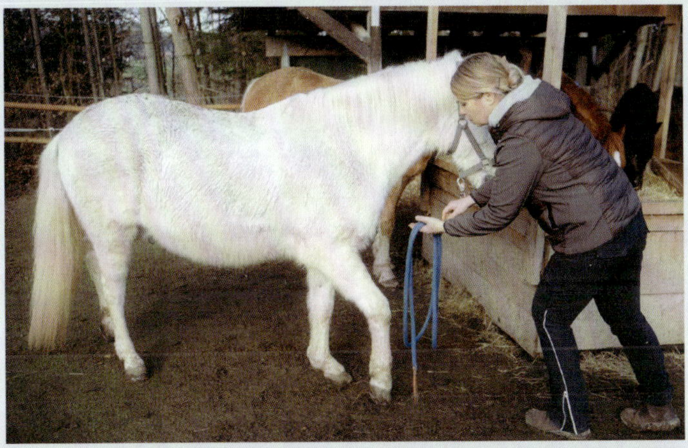

04

01 „Geh-weg-Gesicht" als Verhandlungsphase nach der Begrüßung

02 Mit dem Nasenrücken- und dem Folge-mir-Button aus dem Fight-and-Flight-Modus ins Vertrauen

03 Einchecken nach dem Positionswechsel

04 Das Therapeutische Rückwärts: Führung einnehmen und für gute Balance sorgen

05 Können wir losgehen?

06 Gebogen angehen statt geradeaus hilft sofort.

05

06

DAS SCHACHBRETT UND DIE PERSÖNLICHE BLASE

Die drei nächsten Themen sind jedes für sich bereits spannend. Ich führe sie hier in genau dieser Reihenfolge auf, weil sie gemeinsam auch einen interessanten Zusammenhang erklären.

Hältst du dich in der Annäherung an ein Pferd an die folgende Reihenfolge, also von dem äußersten (Um)Kreis zur persönlichen Blase, öffnet sich das Pferd für Gespräche mit den Buttons. Dies gilt prinzipiell langfristig gesehen und auch immer wieder in einer einzelnen Situation.

1 Schachbrett
2 Persönliche Blase
3 Buttons

Das Allerwichtigste für ein Pferd ist ein sicheres *Schachbrett,* also die Umgebung, in der es sich gerade befindet. Das kann alles sein, ein Weg, eine Koppel und auch ein Reitplatz. An zweiter Stelle steht, dass du dir deiner Blase des persönlichen Raumes bewusst bist und immer wahrnimmst, wie groß die deines Pferdes ist. Der dritte Aspekt ist der Respekt bezüglich der Buttons, zum Beispiel durch ein *Ich sehe dich* ausgedrückt.

01 Das Sichern des Schachbrettes, also der Außenwelt

02 Eine achtsame Anfrage bezüglich Körperkontakt

03 Jetzt sind konzentrierte Gespräche mit den Buttons möglich.

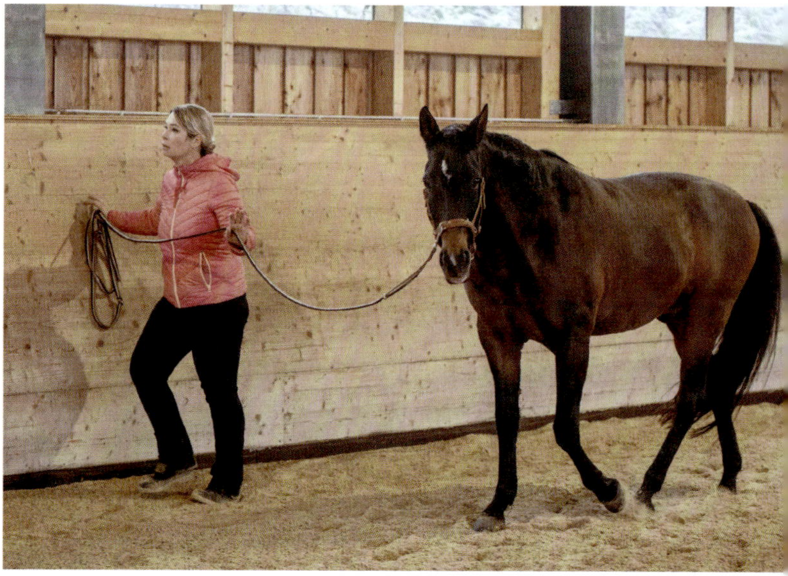

01

Sind diese Voraussetzungen erfüllt, ausreichend Vertrauen geschaffen, ist es möglich, auch in der Ausbildung Gespräche mit den *Buttons* zu führen, zum Beispiel über eine bestimmte Haltung oder ein Tempo. Auch anscheinend sehr faule Pferde geben ihre Erstarrung auf, lassen mit sich reden und schließen sich dir an.

DER REITPLATZ – EIN „SCHACHBRETT"

Die Wahrnehmung eines Pferdes bezüglich eines Ortes, so auch eines Reitplatzes, vergleicht Sharon mit einem **Schachbrett**. Alle Gegebenheiten und Veränderungen in diesem Umfeld, „Mitspieler" und ganz besonders die „Kulisse" haben einen Einfluss auf ein Pferd. Sharon definiert das so:
„Für uns ist es ‚der Reitplatz', diesen Namen haben wir der Örtlichkeit zugeordnet. Wir wissen, es handelt sich um ein (abgezäuntes) Rechteck.

Pferde labeln nicht, sie nehmen alles jeden Moment neu wahr. Für sie geht es zudem nicht um Bewegung, sondern um Bewegung mit dir auf dem Teil des Schachbrettes, auf dem sie gerade Probleme lösen. Versammelter Trab ist nah am Tor leicht und macht Spaß, in der Gruselecke könnte er sich aber in angstvolle Versammlung wandeln. Für uns ist es nur ein Zirkel, für Pferde ist es alle drei Schritte eine neue Situation!"

»Der erste und wichtigste Punkt, um das Herz eines Pferdes zu gewinnen, ist Sicherheit.«

Sharon

02

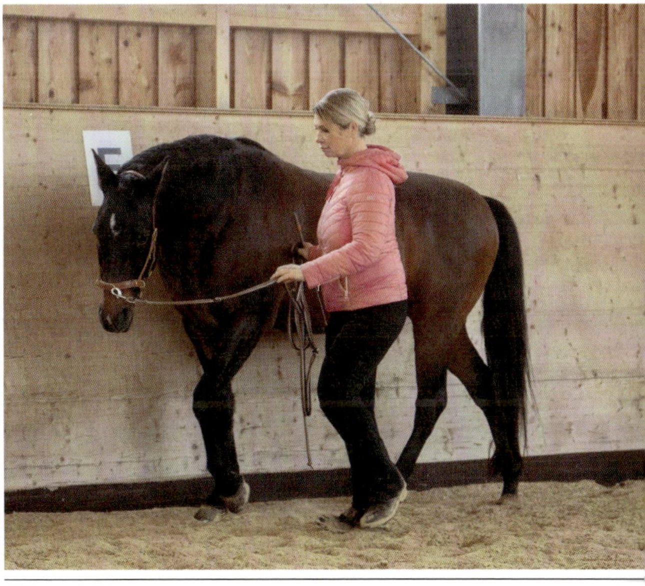

03

„Nähe zum Tor" bedeutet zum Beispiel, der Fluchtweg zurück (in den Stall) ist der kürzere, das erklärt, warum für die meisten Pferde der untere Zirkel der entspanntere ist. Jeder Zirkel besteht aber wiederum aus vier Vierteln, die für ein Pferd eine immer andere Situation darstellen, es also beeinflussen, je nachdem, wie gerade die Entfernung und der Winkel zu sicheren oder weniger sicheren Stellen auf dem Schachbrett ist. Fenster und Türen und auch Einflüsse und Geräusche von außen können eine Rolle spielen.

In gewisser Weise betrifft das nicht nur den Zirkel. Sieht man genau hin, legen Pferde tendenziell gerne auf der langen Seite, die zum Tor hinführt, etwas zu, am Tor selbst werden sie wieder langsamer und sind auch vom Tor weg eher zögerlich. Takt und Linie zu halten, gehört aber zu d e n Grundlagen in der Reiterei überhaupt. Hier ist der Mensch gefragt, dies sanft, aber bestimmt auszugleichen.

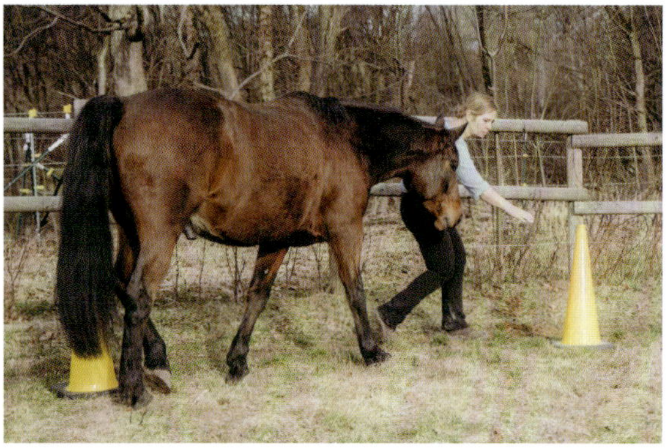

So führst du einen sicheren Ort ein: hingehen …

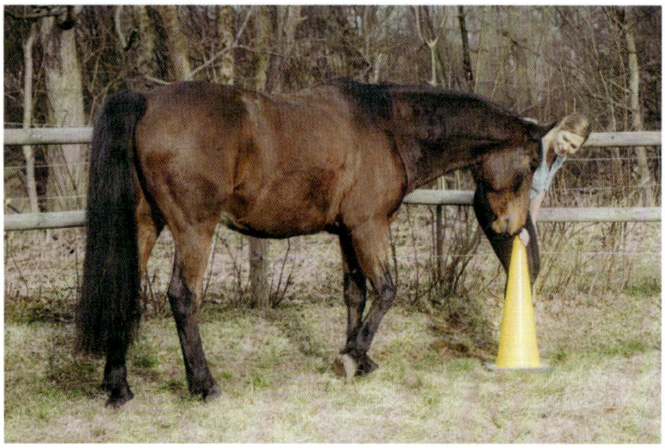

…, das Objekt als Erster berühren und entspannen.

Ganz gleich, ob es der Reitplatz ist, die Stallgasse oder die Koppel – es gibt „gute" und „schlechte" Plätze. Das ist unter Menschen nicht anders.

Je nach Persönlichkeit und Erfahrungen wird es in einem Restaurant Menschen geben, die einen Platz hinten in der Ecke mit dem Rücken zur Wand bevorzugen; sie möchten ihre Ruhe haben, die Gäste im Blick. Für andere ist die Aussicht alles, sie wollen in der ersten Reihe sitzen (Wächtermenschen). Gibt es ein Büffet, sucht sich so manch einer gern einen Platz direkt daneben (wichtigster Wert: Ressourcen). Und es mag auch die geben, die aus Sicherheitsgründen vorne nah bei der Tür bleiben, um schnell flüchten zu können. Die am wenigsten beliebten Plätze sind gemeinhin die in der Mitte, außer es gibt Trennwände. Diese Wände verbessern die Situation etwas, sie schaffen Sicherheit (= Sicherheitsobjekte). Wird ein begehrter Platz frei, setzen sich jene, die sich bisher an ihrem Platz nicht so wohl fühlten, um. Das sieht man im Paddock häufig – auf das Pferd übertragen.

EINEN SICHEREN ORT KREIEREN

Reitplätze sind naturgemäß sehr große, leere Räume, das verunsichert Pferde (besonders in der Lernsituation) mitunter. Auch wir Menschen stehen in solchen Räumen nicht gerne verloren in der Mitte herum. Vorhandene „Stehtische", also etwas, an dem man sich „festhalten kann", verbessern die Situation etwas. Vielen Pferden hilft es, eine Art *Sicheren Ort* auf dem Reitplatz einzuführen, etwa eine Pylone oder besser noch eine Tonne. Lässt man Pferde auf dem Platz frei, stellen sie sich gern an solch ein Objekt.

Es nutzen übrigens nicht wenige Pferde beim Ausreiten Bäume als sicheren Ort. Die Pferde helfen sich selbst, bauen etwas Stress

Der Sprung als Sicherheitsobjekt in der großen, leeren Halle ist vergleichbar mit einer Bar, an der man sich festhalten kann.

ab, indem sie ihren Begrüßungsbutton daran reiben – wenn sie es dürfen. Wir können ihnen diese Möglichkeit, selbstständig mit Stress umzugehen, an die Hand geben. Am besten zunächst in entspannter Umgebung. Um das jeweilige Objekt für ein Pferd „einzuführen“, gehst du hin, berührst das Objekt und entspannst dich sichtbar. Du zeigst damit an: „Ich habe das gecheckt und als sicheren Platz befunden.“ Das einzelne Pylon ist erweiterbar zu einem Kreis oder einer Linie, mit dem Zweck, Sicherheit zu geben und die Aufgabe so einfach wie möglich zu gestalten. Du kannst einen Pylonenkreis auch benutzen, um innerhalb zu arbeiten, so schaffst du ein sicheres Arbeitsumfeld.

In unserem Stall steht seit geraumer Zeit ein Sprung in der Mitte der Halle. Das begeistert mich nicht wirklich, es ist nicht mehr möglich, durch die Mitte zu reiten, dennoch bin ich mir sicher, dass er ganz unbemerkt zur Entspannung der Gesamtsituation beiträgt. Es ist seitdem niemand mehr vom Pferd gefallen.

Darum geht es! Der erste und wichtigste Punkt, um das Herz eines Pferdes zu erobern, ist die Sicherheit (am Arbeitsplatz). Bemühst du dich darum, gelangst du an die Blase des persönlichen Raumes eines Pferdes, welche, wenn keine schlechten Erfahrungen vorhanden sind, schon relativ klein sein wird, weil du das große Thema Sicherheit bereits aufgegriffen hast.

MEINE LEHRMEISTERIN SHARON

„Ich bin überzeugt, dass die meisten populären Korrekturmaßnahmen im Pferdetraining erfunden wurden, um mit den Gruselpunkten von Pferden auf dem Schachbrett umzugehen. Der Standardansatz im Pferdetraining besteht heute darin, Dinge so lange zu tun, bis das Pferd aufhört, sich vor der Welt zu ängstigen, und stattdessen auf dich achtet, nur auf dich. Selbst wenn man mit diesen Techniken Erfolg hat, lenken sie das Pferd von seinen inneren Ängsten ab und ersetzen sie durch die Angst, Ärger mit dir zu bekommen. Im Falle der Ausbildung mit positiver Verstärkung beginnt das Pferd, bestimmte Teile des Schachbrettes als Barscheck zu betrachten, als Quelle von Leckerlis. Mein Fazit sieht so aus: Statt die Aufmerksamkeit des Pferdes zu erzwingen, werden wir besser selbst zum Grund dafür, dass das Pferd auf uns achten möchte. Wir werden zur Schlüsselfigur auf dem Schachbrett, zu demjenigen, der es für das Pferd und alle sichert.“

DIE BLASE DES PERSÖNLICHEN RAUMES

Alle Wesen besitzen einen (kreisförmigen) Bereich um sich herum, eine persönliche Blase. Wie groß diese Blase ist, ist abhängig von Erfahrungen, der Situation (dazu gehört auch der oder das Gegenüber) und auch der momentanen Verfassung. Geht es dir gut, möchtest du die ganze Welt umarmen, an schlechten Tagen eher deine Ruhe haben.

»Die persönliche Blase ist das einzige, was Pferde besitzen.«

Sharon

Wir Menschen tendieren dazu, ungefragt in die Blase des persönlichen Raumes eines Pferdes einzudringen, es am Kopf anzufassen und dann auch noch dort stehen zu bleiben. Für Pferde als Fluchttiere ist dieser Raum aber noch wichtiger als für uns, um im „Fall des Falles" flüchten zu können. Auch unter uns Menschen ist es normal, sich zum Händeschütteln anzunähern, danach aber wieder zurückzutreten, und auch wir suchen uns in der S-Bahn möglichst eine Sitzreihe, in der noch niemand sitzt.
Sharon sagt: „Wir streicheln uns zur Begrüßung nicht gegenseitig über den Kopf, das empfinden auch wir als übergriffig."
In der Beziehung zu unserem Pferd wäre es schön, wenn die Blase unseres Pferdes in Bezug auf uns möglichst schrumpft, wenn wir es an all seinen Buttons auf beiden Seiten seines Körpers anfassen dürfen.
Ganz besonders, wenn wir es reiten wollen, sollte das Pferd in seiner Gesamtheit (mit allen Buttons) damit einverstanden sein.

01

Gehe über ein „Nein“ nicht hinweg. Schau, an welchem Punkt dein Pferd signalisiert, nicht näher zu kommen.
Versuche, in jedem Augenblick Respekt vor der Blase des Pferdes zu haben, so halte deine Blase durch ausreichend X in deinem Körper (breite Schultern, angehobenes Brustbein) und *Geh-weg-Gesichter* frei.
Ganz klar, Pferde lernen durch Abschauen. Wenn wir kommen und sie einfach anfassen, sieht das so aus, als wäre das bei der Spezies Mensch so üblich. Es ist sehr spannend, genau hinzusehen, wie groß die Blase des persönlichen Raumes eines Pferdes an diesem Tag und in dieser bestimmten Situation (einfangen, satteln) ist.

Auch in diesen Momenten Respekt vor der Blase des Pferdes zu haben, bringt dich wieder einen Schritt näher. Buttons, die vorher vielleicht „zu" gemacht hatten, werden weicher und zugänglicher.

»Möchtest du ein höfliches Pferd haben, musst du ein höflicher Mensch sein.«

Sharon

02

01 Eine Pause in der Annäherung, O-Haltung und Nicken als Frage, ob ich die Blase betreten darf.

02 Die Körpersprache des Pferdes zeigt mir, ob ich näher kommen und es berühren darf.

Meine Fingerspitzen aktivieren den äußeren Geh-weg-Button, er wird zum Kommher-Button.

DIE BUTTONS IN DER PFERDEAUSBILDUNG

Die Buttons sind interaktive Bereiche auf dem Pferdekörper, die Sharon Wilsie als Erste und Einzige durch langjährige Beobachtung identifizieren konnte. Einfach erklärt „unterhalten" sich Pferde mittels dieser Bereiche. Das ist eine logische Sache, wir würden es auch tun, hätten wir keine verbale Sprache.

WAS SIND „BUTTONS"?

Beispiele veranschaulichen es am einfachsten: Es gibt einen Punkt, um sich zu begrüßen, einen, um um Raum zu bitten, einen, um nach Fellpflege zu fragen und so weiter. Pferde interagieren hier über Blicke, Hindeuten, Berührung, Beißen und auch Hinriechen. Eine weitere Möglichkeit ist, ein Körperteil mit dem entsprechenden Button zu exponieren, oder auch das Gegenteil. Letztlich verbinden sich Pferde über die Buttons. Zeigt ein Pferd zum Beispiel den Hüftbutton in einer *schöpfenden Bewegung* und lehnt sich dann nach vorne, dann heißt das: „Komm mit". Wir machen eine ganz ähnliche Bewegung mit der Schulter, wenn wir jemanden einladen wollen, mitzugehen.

☞ KOMMUNIKATION MIT DEN BUTTONS

Sharon hat nicht nur herausgefunden, wie sich Pferde über die Buttons unterhalten. Sie hat sich auch überlegt, welche Möglichkeiten wir haben, mittels der Buttons mit unseren Pferden zu kommunizieren. Hier ein kleiner Überblick.
All dies ist übrigens mit und ohne Kontakt möglich, auch über ziemlich weite Distanz.

01

02

03

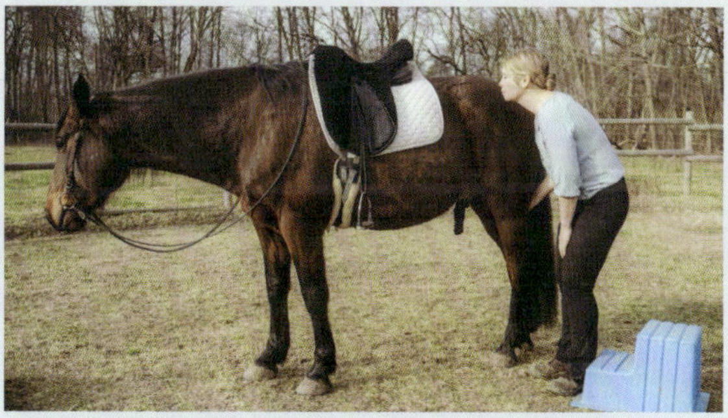

04

01 Wir können einen Button „halten" durch unsere Handfläche und so ein bestimmtes Thema ansprechen und für Verbindung sorgen.

02 Wir haben die Möglichkeit, Buttons mit unseren Fingerspitzen zu aktivieren. Dies geschieht eher, um Bewegung zu erreichen oder auch eine Grenze zu setzen.

03 Um ein Pferd in unseren Raum einzuladen, können wir es mittels eines „Turn the key, come to me" („Den Schlüssel drehen, zu mir gehen", siehe Anführen) aus einem seiner Buttons zu uns in unseren Bauchbutton „ziehen".

04 Das Hinriechen an einen Button sendet eine Freundschaftsgeste: „Ich kann dich gut riechen."

01

02

BEGRÜSSUNGSBUTTON

Auch Pferde haben ein Begrüßungsritual, sie freuen sich, wenn du dir dafür die Zeit nimmst. Für sie geht es aber um mehr als um Höflichkeit, es ist ein Teil des *Zirkels der vier G.*
Die vier G der Pferdesprache – Begrüßung, Gemeinsam irgendwohin gehen, Fellpflege und Pause/ Verabschiedung sind wichtige Rituale im Miteinander von Pferden oder von Pferd und Mensch. Es handelt sich um einen immer wiederkehrenden Gesprächszirkel, beginnend mit der *Begrüßungsphase.* In der zweiten Phase, der *Gemeinsam-irgendwohin-Gehen-Phase* wird durch beispielsweise das *Geh-weg-Gesicht* (also das Zeigen auf die Pferdebacke, mit der Bitte etwas Raum zu geben) geklärt, wer in diesem Team die Führung übernimmt. Das schafft Klarheit und damit Entspannung. Verlaufen diese ersten beiden Phasen positiv, verbringt man Zeit miteinander (*Fellpflegephase*) und verabschiedet sich dann wieder. Diese Phase der *Pause* oder *Verabschiedung* beschließen wir Menschen durch ein dezentes Wedeln mit dem Arm, als Ersatz für den Schweif. Bei Schwierigkeiten lohnt es sich, die Qualität der einzelnen Phasen genauer zu betrachten. Ab welchem Punkt ist es schief gelaufen?

> *»Für Pferde ist die Gemeinsam-irgendwohin-gehen-Phase so wichtig, weil geklärt wird, wer welche Aufgaben innehat: Wer führt an, wer folgt, wer schützt? Das gibt Klarheit für die gemeinsame Zeit und entspannt.«*
>
> *Sharon*

FORMELLE UND INFORMELLE BEGRÜSSUNG: CHECK-IN

In der „formellen“ Form der Begrüßung führen Pferde dreimal ihre Mäuler zusammen. Das können wir durch unseren Handrücken simulieren. Das (einmalige) *Check-in* zwischen den Nüstern ist die Kurzform dessen. Biete jedem Pferd, mit dem du irgendetwas machen möchtest oder dem du dich (wieder) zuwendest, ein *Check-in* an, nähere

01 Begrüßung zweier Pferde

02 Kurzes, freundliches Gespräch über meinen Raum (Gemeinsam-irgendwohin-Gehen-Phase)

03 Die liebevolle Klarheit der beiden ersten Phasen lässt entspannte gemeinsame Zeit und Körperkontakt zu (Fellpflegephase).

dafür deinen Handrücken seinem Maul, ein (neues) Gespräch beginnt.
Besonders in der Bodenarbeit fragen (verunsicherte) Pferde oft nach einem *Check-in.* Schön, wenn du es ihnen nicht verwehrst – das beruhigt, zeigt, dass „alles gut ist".
Wenn es nötig wird, bittest du durch Hinzeigen auf den *Backenbutton,* deinen Raum wieder freizugeben (Connect und Respect).
Lass Pferde mit dem *Begrüßungsbutton* auch alle Dinge „begrüßen", die du ans Pferd bringen möchtest, zeige ihnen Putzzeug, Sattel, Zaum, Fliegenspray etc.
Details über die Begrüßung findest du im Kapitel „Der perfekte Horse Speak-Tag" (S. 56) und in Sharons weiteren Büchern.

Begrüßung des (stressbehafteten) Fliegensprays

Einchecken in der Pause: Ist alles gut? Ja!

SPIELBUTTON

Das unreflektierte Berühren des *Spielbuttons* ist der Grund für ein häufig zu beobachtendes Missverständnis. Wir tendieren dazu, Pferde, die in unseren Raum eindringen, genau an dieser Stelle, etwas oberhalb der Maulspalte, wegzuschieben. Für ein Pferd ist das aber eine Aufforderung zum Spiel, es dreht sich wieder zu dir, du schiebst es wieder weg – so entsteht eine stressige Situation für euch beide, die nur durch das Wissen über den *Backenbutton* zu lösen ist.

01

02

03

Die drei „Hierarchie-Punkte", hier als Anfrage zum gemeinsamen Angehen:

01 Mitte der Backe, etwa am Ring des Halfters

02 Mitte des Halses

03 Die Schulter aktiviert das Vorwärts, danach geht die Hand nach vorne.

BACKENBUTTON

Pferde klären Führung über Raumanspruch. Die erste und oft völlig ausreichende Stufe ist die Bitte, einmal seitlich wegzuschauen. Diese wird an den *Backenbutton* mitten auf der Backe gerichtet, die Geste wird das *Geh-weg-Gesicht* genannt. Es ist also unnötig, ein Pferd (im Round Pen) minutenlang zu hetzen, um der Ranghöhere zu werden.
Der Backenbutton kann durch den *Hals-* und den *Schulterbutton* „verstärkt" werden, diese drei stellen die drei Hierarchie-Punkte dar. Über sie werden auch Gespräche über das Angehen und die Entspannung geführt.
Du kannst mittels des Backenbuttons auch im Gehen über Raum sprechen. Es geht hier um Klarheit bezüglich der Hufschläge: „Mein Tanzbereich – dein Tanzbereich", wie ich es gern ausdrücke. Zu diesem Zweck zeigst du mit den Fingerspitzen deiner direkten Hand zum Pferd, auf den Backenbutton, gern auch mal über ein paar Schritte, der Führstrick läuft einfach zwischen Daumen und Zeigefinger durch, dein Ellbogen bleibt entspannt gebeugt. Die indirekte Hand trägt das Zügelende.
Sehr hilfreich ist das Wissen um den Backenbutton auch im ersten Moment des Wegschickens beim Longieren. Die Position des Backenbuttons ist mitentscheidend für die Richtung bzw. Richtungswechsel. So ist dieser Button auch fantastisch geeignet, um ein „Wenden von außen" einzuleiten, und generell, um in Bewegung zu setzen. Gemeinsam mit dem Halsbutton und dem Schulterbutton (der bewegt letztlich das Bein) wird aus einem Geh-weg-Gesicht ein *Geh-weg-ganzer-Körper.*

AUFZÄUMEN

Stehst du beim Aufzäumen links von deinem Pferd, ist das Deuten auf den rechten Backenbutton, einfach unter dem Kopf durch, eine gute Möglichkeit, dein Pferd zu

Mein Tanzbereich – dein Tanzbereich

SENSIBLER NASENRÜCKENBUTTON

Mit dem Hintergrundwissen zum Nasenrückenbutton ist die Verwendung von Knotenhalftern und auch jeglichen (eng verschlossenen) Nasenriemen zu überdenken. Ein Reithalfter hat die Funktion, das Maul des Pferdes zu verschließen, ein (negatives) „Feedback" bezüglich der Zügelhilfen wird dem Pferd verwehrt. Ich denke, der ehrlichere Weg wäre, unsere Ausbildung und Hilfengebung zu überdenken.

bitten, seinen Kopf zu dir zu wenden. Der *Geh-weg-Punkt* wird zum *Komm-her-Punkt* *(siehe Seite 36)*. Das verlangt viel Nähe vom Pferd und ist als Umarmung zu sehen. Es ist sinnvoll, mit dem Jungpferd frühzeitig dieses Gespräch zu führen. Wichtig dabei ist, dass es wirklich ein Dialog ist und kein Training. Respektiere also auch ein „Nein".

NASENRÜCKENBUTTON

In einer *Pferdeumarmung* bringt das Pferd dir einen weiteren sehr sensiblen Punkt nahe, den *Nasenrückenbutton*. Er sitzt mitten im Gesicht, also einem sehr intimen Bereich. Die große Überschrift zum Nasenrückenbutton ist: „Entspann dich, lass mich die

Entspann dich, lass mich die Führung übernehmen.

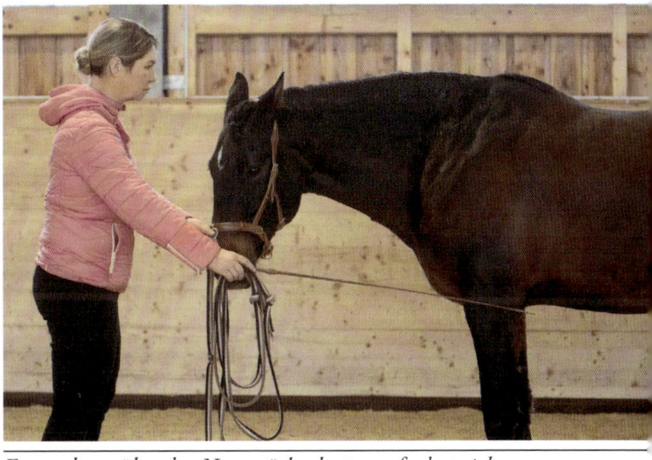

Formgebung über den Nasenrückenbutton erfordert viel Vertrauen.

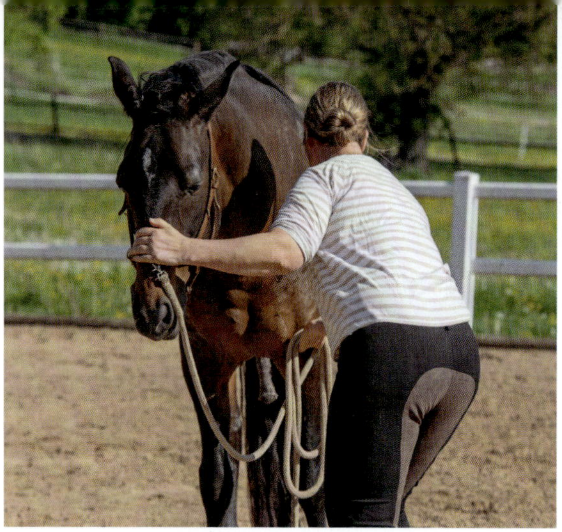

Therapeutisches Rückwärts, weiche Hand am Nasenrückenbutton

Führung übernehmen." Ein Pferd bittet ein anderes, „runterzukommen", vielleicht sogar aus der höchsten Form des X, dem Steigen, bei männlichen Pferden im Spiel. So ist das eine tendenziell „männliche" Geste, daher auch die umgangssprachliche Bezeichnung *Papabutton* (äquivalent dazu: *Folge-mir-Button = Mamabutton).*
Wenn du Zugriff hast auf den Nasenrückenbutton, bist du sehr nah und hast Einfluss auf das ganze Pferd, denn der Nasenrücken ist eine Art Eingangspunkt für das gesamte Skelett. Eine Berührung hier erfordert viel Vertrauen. Denke bei der Arbeit am Kappzaum daran.
„Klassische Reitkunst" orientiert sich an der Natur des Pferdes. Nicht umsonst fordert diese einen immer geöffneten Genickwinkel, die Nase vor der Senkrechten. Über den Nasenrückenbutton wird ganz natürlicherweise „vorderer Raum" eingenommen, er sollte der vorderste Punkt eines Pferdes sein – immer, unabhängig von der Höhe des Kopfes. Prinzipiell gilt: „Immer der Nase nach", auch ein Pferd möchte dahin gucken, wo es hinlaufen wird.
Der Nasenrückenbutton ist auch in das *Therapeutische Rückwärts* involviert (S. 46). Der Impuls fließt dann aus dem *Nasenrückenbutton* und dem *Rückwärtsbutton* geschmeidig durch den gesamten Körper bis in den *Setz-dich-Button*.

FREUNDSCHAFTS-BUTTON

Über den Freundschaftsbutton auf der Stirn drücken Pferde freundliche Verbindung und Wohlbefinden aus – oder eben auch nicht. Auch er sitzt im Gesicht, das Pferde, solange das nötige Vertrauen nicht da ist, schützen. Sieh es also als Freundschaftsgeste, wenn dein Pferd ihn dir zuwendet.
Möchte ein Pferd diesen Button an dir reiben, möchte es womöglich Spannungen abbauen, oft nach der Arbeit. Du vergibst dir nichts, wenn du deinem Pferd hier Abhilfe schaffst, solange du entscheidest, wie intensiv und wie lange dies geschieht.

FOLGE-MIR-BUTTON

Der *Folge-mir-Button* im Genick ist eines meiner Lieblingsthemen, er ist für mich so etwas wie ein Knoten- und Schlüsselpunkt, von dem vieles abhängt. Meine Lehrmeisterin Sharon sagt dazu: „Die Nackenmuskulatur gibt Auskunft über die Stimmung des Pferdes. Eine starre, steife Nackenmuskulatur steht für Spannung, entspannte und bewegliche Muskulatur für Zustimmung und Ruhe."
Das Pferd kann dir auch folgen ins Seitwärts, Rückwärts, Schneller, Langsamer, in die Lektion, an der Gefahr vorbei. Es geht um die Frage, ob sich das Pferd dir vertrauensvoll anschließt und folgt, wohin auch immer.

»Folge mir in die Entspannung, in die Freundschaft und dann ins Vorwärts.«

Sharon

Meine Hand am Folge-mir-Button: Kannst du mir ins Hier und Jetzt folgen?

Im Unterschied zu der im Alltag meist benutzten Punktekombination *Backe-Hals-Schulter* spielt in der Interaktion mit dem Folge-mir-Button das Vertrauen eine noch wichtigere Rolle. Mit ein Grund dafür, warum ein Pferd diesen Bereich prinzipiell schützt, ist, dass es sich um eine ausgesprochene „Kill Zone“ handelt. Es wird die schützende Anspannung in diesem Bereich erst lösen und damit zugänglich und gesprächsbereit, wenn es ausreichend Vertrauen hat. In der Reitersprache wird eigentlich von einem „hergegebenen“ Genick gesprochen, nicht von einem „genommenen Genick“. „Geben“ kann es das Pferd nur von sich aus. Es geht um die Frage: Sucht ein Pferd zur Hand, oder schützt es sich aus mangelndem Vertrauen und hält den Folge-mir-Button hoch und fest? Eine gute *Verbindung* ist also (mit)entscheidend bezüglich der Anlehnung. Zwang mittels Kandaren, Hilfszügeln und Armkraft ist kontraproduktiv.

Es ist nicht schönzureden: Ein (häufiger) Grund für ein empfindliches, weil schmerzendes Genick ist unsachgemäßes Reiten, also z. B. hinter der Senkrechten, in Rollkur oder in absoluter Aufrichtung. Das Genick ist entweder gequetscht oder hält krampfhaft Hals und Kopf hoch, ohne von der Unterlinie unterstützt zu sein.

Bei uns Menschen sitzen Kopf und Hals auf den Schultern, das kostet uns kaum Kraft, und dennoch sind wir dankbar, wenn wir den Kopf ablegen oder anlehnen dürfen. Begeben wir uns in den Vierfüßlerstand, wird uns relativ schnell klar, wie anstrengend es ist, immer den Kopf heben zu müssen, um den Überblick zu behalten. Schauen wir genau hin, lassen auch wir unseren *Folge-mir-Button* als Allerletztes los, manchmal sogar, wenn wir liegen.

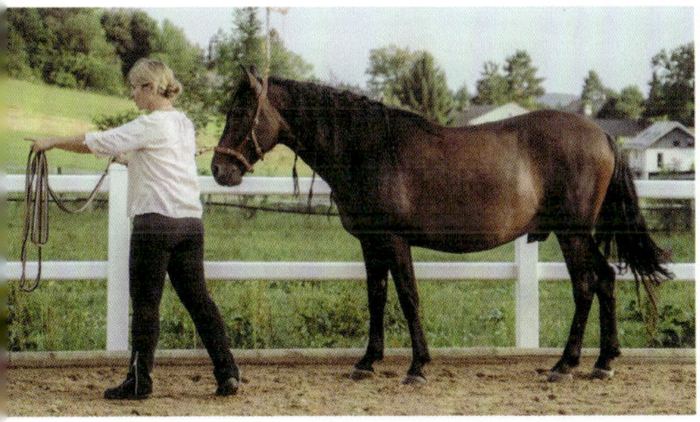

Hoher Folge-mir-Button: Ich will oder kann nicht.

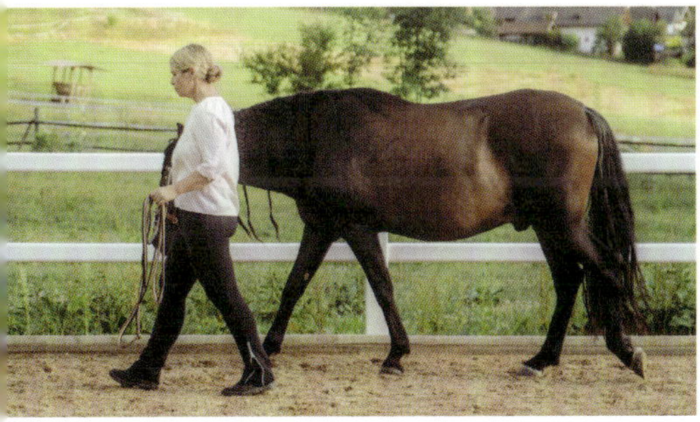

Der Folge-mir-Button sinkt: Ich schließe mich dir an.

EINE FRAGE DES VERTRAUENS
Stell dir vor, du gibst den „Toten Mann", legst dich also ins Wasser. Die Unsicherheit, ob du auch wirklich nicht untergehst und ob dich niemand übersieht, lässt dich dein Genick als Letztes und eher kurz entspannen. Schön, wenn jemand da wäre, der „dir den Rücken freihalten würde", sodass du auch den Kopf ohne Sorge ablegen könntest.

Jim Masterson fasst die Zusammenhänge trefflich zusammen:
„Im Genick sammelt sich eine große Menge Stress und Spannungen, die das Pferd allein nicht lösen kann. Zusätzlich zum mechanischen Stress, der durch die Bewegungen des Halses und Kopfes auf die Muskeln im Genick-Atlas-Bereich wirkt, hat mentaler Stress – Beunruhigung und Angst – auch eine erhebliche Auswirkung auf Genick und Atlaswirbel.[2]

MITTELHALSBUTTON

Der *Mittelhalsbutton* stellt eine Möglichkeit dar, die Bitte um Raum zu unterstreichen. Außerdem ist er immer Teil jeglicher Biegung und Wendung, sollte also nach allen Richtungen geschmeidig und beweglich sein. Bei Pferden, die immer in einer Einheitshaltung geritten werden, manifestiert sich dies unter anderem in einem festen Mittelhalsbutton.
Ich habe den Mittelhalsbutton auch als „Unterbrechungsbutton" zu schätzen gelernt, z. B. wenn ein Pferd sich in etwas reinsteigern könnte oder wenn es beim Führen zu schnell wird. Nicht zuletzt ist er eine großartige Stelle, um durch ein Riechen Freundschaft auszudrücken: „Ich kann dich gut riechen." Der Moment des Aufzäumens bietet sich hier regelrecht an, und auch immer wieder kurz vor und nach dem Aufsteigen ist dies eine schöne Botschaft an das Pferd.

»Kann ein Pferd seinen Hals während der Lösungsphase nicht von einer Seite zur anderen schwingen, kann es seinen Körper nicht wirklich ins Gleichgewicht bringen.«

Sharon

Ich kann dich gut riechen.

[2] Jim Masterson, Körperarbeit für Pferde, Seite 51

Schulter an Schulter im Gleichschritt

SCHULTERBUTTON

Der *Schulterbutton* vervollständigt die Kombination Backe-Hals-Schulter, sowohl um über seitlichen Raum zu sprechen, als auch zum Angehen, denn er inkludiert das Bein. Generell geht es um das Thema Freundschaft.

„Schulter an Schulter" bewegen sich nur gute Freunde. Sind sich zwei Pferde nicht so „grün", dann werden sie das beim Ausreiten zeigen und nicht gerne nebeneinander laufen. So bietet sich der Schulterbutton als Kontakt an, immer. wenn ich zusammen mit einem Pferd irgendwo stehe oder auch gehe. Auch beim Schmied kann er Pferden helfen, du gibst ihnen das Gefühl, sie nicht alleine zu lassen.

Die Position neben der Schulter ist generell zum Führen eine logische Stelle. Es ergibt Sinn, wenn Beine sich auf derselben Höhe bewegen. Durch den *Gleichschritt* entsteht Verbindung, auch aus dem Sattel.

SCHULTERBUTTON IM ALLTAG

Gerade weil der Schulterbutton für Verbindung steht, wird über ihn in der Bodenarbeit und beim Longieren auch der Wunsch nach Distanz vermittelt. Bei Pferden, die mit der Situation des Gurtens Stress haben, kombiniere ich den Schulterbutton gern für einen Moment mit dem Verletzlichkeitsbutton oder auch Hüftbutton als kleine bereichernde Pause.

RÜCKWÄRTSBUTTON

In einem Kurs fragte mich eine Kursteilnehmerin, woher das *Therapeutische Rückwärts* seinen Namen hat. Gute Frage: Da ist einmal therapeutischer Wert, durch das Lösen körperlicher Spannungen durch das Rückwärtslehnen oder -schreiten. Auch die Kommunikation über den (vorderen) Raum beziehungsweise Führung entspannt. Und

Würdest du mir Raum geben?

Vielen Dank! Ich freue mich und gebe dir Raum.

> *»Frage höflich und nimm dem Pferd die Würde nicht.«*
>
> *Sharon*

schließlich geht es für das Pferd darum, „zu sich zu kommen". Weg von dem Instinkt, immer auf der Flucht zu sein, hin zu einer inneren Erdung. Man könnte es so ausdrücken: „Fliegen können alle Pferde, es geht darum, ihnen zuerst Wurzeln zu geben."

Um über das Rückwärts entspannt kommunizieren zu können, ist es wichtig zu wissen, wo der *Rückwärtsbutton* genau sitzt. Er liegt auf beiden Seiten des Pferdes, jeweils in dem kleinen Dreieck zwischen Schulter und Bein. Unklares Wedeln in Richtung Brust des Pferdes, welches dazu führt, dass das Pferd seinen Hals hochreißt und seinen Rücken wegdrückt oder zurück kriecht, wird unnötig. Die Brust ist als Sitz des Selbstbewusstseins eines Pferdes zu sehen.

Meine Lehrmeisterin Sharon sagte einmal: „Nimm ihnen die Würde nicht." Es soll doch lediglich um die höfliche Frage gehen: „Würdest du mir den vorderen Raum überlassen?" Eventuell reicht es schon, wenn das Pferd sich nach hinten lehnt oder ein Bein rückwärtssetzt. Das heißt: „Ja, würde ich", – und alles ist geklärt. Pferde lieben diese Form der *low calorie conversation*.

Das ist eventuell ein guter Moment, seine eigene Einstellung zu überdenken. Es geht nicht darum, ein Pferd rückwärtszuschicken, weil man es kann. Es geht darum, für das Pferd körperlich und seelisch etwas zu verbessern. Und dem gemeinsamen Vorwärts eine andere Qualität zu geben: „Komm zu dir, bevor wir dann beide entspannt nach vorne gehen." Das kannst du selbst ausprobieren. Die Qualität eines Schrittes ist eine andere, ob du einfach aus dem Stehen einen Schritt nach vorne tust oder ob du einen Schritt nach hinten vorschaltest.

DAS THERAPEUTISCHE RÜCKWÄRTS

— Du stehst mit leicht gebeugten Knien fast frontal vor deinem Pferd. Wähle das Bein des Pferdes, das weiter vorne steht, und setze dein Bein darauf zu (auf das linke des Pferdes dein rechtes und umgekehrt).

— Die Hand am Strick fasst diesen mit einer *Palm down is calm down*-Haltung relativ nah am Haken, die *schöpfende Bewegung* wirkt auf den *Nasenrückenbutton* und letztlich bis in den *Setz-dich-Button*.

- Die zweite Hand zielt mit der Handfläche nach oben zum *Rückwärtsbutton.*
- Lass die Bewegung auf deinem Atem fließen.

Ich möchte euch dieses großartige Zitat meiner Lehrmeisterin Sharon mitgeben. Ich lese es auf jedem Kurs vor: „Pferde nehmen ihre Welt mit den Gesichtssinnen auf. Ihre Gefühle klären sie aber mit der Hinterhand. Ihr Schweif drückt das Endergebnis dessen aus, was Augen, Ohren, Nüstern und Maul empfangen haben. In der Hinterhand werden dann mitunter emotionale Spannungen gespeichert. Wölbt das Pferd den Rücken auf, lösen sich die Spannungen. Es werden Gefühle freigesetzt, die durch das Pferd fließen … Praxisnah betrachtet ist das Therapeutische Rückwärts das genaue Gegenteil von Weglaufen …“[3]

THERAPEUTISCHES RÜCKWÄRTS BEI PFERDEN MIT GESCHICHTE

Das *Therapeutische Rückwärts* ist ein großartiges Tool, um gerade etwas „schwierigeren“ Pferden zu helfen, zu sich zu kommen. Einige dieser Persönlichkeiten fühlen sich selbst von dieser höflichen, entspannten Anfrage, uns den vorderen Raum zu überlassen, „auf den Schlips getreten“. Das *Therapeutische Rückwärts* mittels des Backenstückes des Halfters ist dann meist die beste Version. Wende *Piano-Finger* an (einzeln schließen, beginnend aus dem kleinen Finger), das verringert Gegendruck. Diese Pferde können die Hilfe zudem oft besser annehmen, wenn die Situation für sie sinnvoll ist, zum Beispiel, wenn sie zu nah an der Tür stehen. Es darf für sie nicht wie „Training“ aussehen, nicht wie „Mache es, weil ich es will“, sondern eher beiläufig. Lobe sie sofort mit einer sehr freundlichen Stimme und einem Lächeln, vielleicht auch mit einem Streicheln auf der Brust.
Hat sich die Einstellung der Pferde zu dieser Übung verbessert und sie bemerken vielleicht auch, dass sie ihnen guttut, dann akzeptieren sie das *Therapeutische Rückwärts* auch einmal auf dem Platz.

GURTBUTTON

Bei diesem Button handelt es sich mehr um einen Bereich als um einen Punkt. Sharon spricht auch oft vom *Teambutton*. Sie sagt: „Sich geordnet, Seite an Seite, verbunden durch den Gurtbutton zu bewegen, ist ganz natürlich für Pferde, so lassen sich auch Wendungen und Tempowechsel spielend bewältigen.“
Beim Führen, in der Bodenarbeit beim Longieren und beim Reiten macht das Bewusstsein für diesen Punkt einen Unterschied,

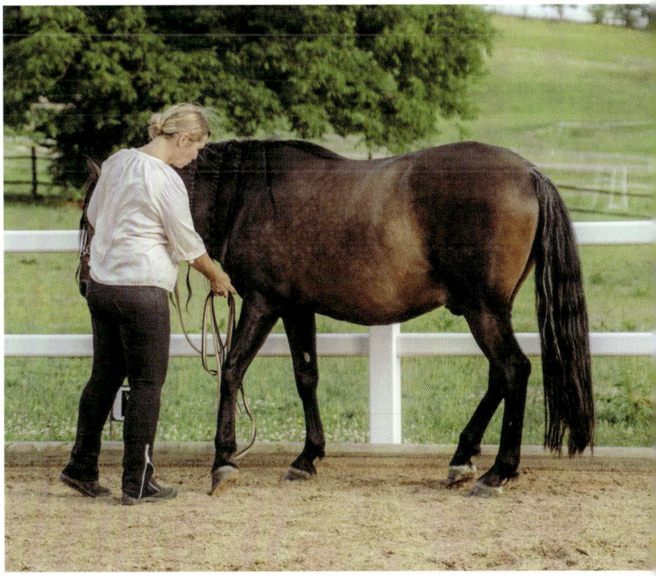

Beiläufiges Rückwärts mit Toni auf dem Platz

[3] Sharon Wilsie, Mit Pferden sprechen, Seite 304

ganz gleich, ob Mensch und Pferd sich über ihre beiden *Gurtbuttons* verbinden oder du den Button bei deinem Pferd durch Hinzeigen aktivierst, um gemeinsam schneller oder langsamer zu werden, zu wenden oder sich rückwärts oder seitwärts zu bewegen. Beim Reiten sitzen wir in der Gurtregion, unsere Wade berührt den Button. Unsere Beziehung beim Reiten verbessert sich, wenn wir gut darauf achten, wie unsere Pferde sich bezüglich dieses Buttons fühlen.

MEINE LEHRMEISTER, DIE PFERDE

Eines schönen Tages zeigte Brilli sich sehr zögerlich auf dem Weg zur Aufsteigehilfe. Ich ging mit meiner Hand aus etwa zwei Meter Distanz „durch die Buttons". Am Gurtbutton nahm Brilli den Kopf unwillig hoch und legte die Ohren etwas an. Ich wiederholte dies und erhielt dieselbe Reaktion. Da diese Antwort für Brilli nicht normal ist, verzichtete ich an diesem Tag auf das Reiten. Es war Spätherbst, es gab kaum noch Gras auf der Weide. Ich gehe davon aus, sein Magen war nicht in Ordnung. Diese Möglichkeit der Kommunikation kann auch Prävention sein. Bleibt der Reiter am Boden, wenn es dem Pferd schlecht geht, dann muss es nicht buckeln.

Sharon sagt:„Beim Reiten ist ein entgegenkommender Gurtbutton wichtig. Er sollte als liebevoller Verbindungspunkt, als Kommunikationszentrum für harmonische Bewegung dienen."

FELLPFLEGEBUTTON

Der *Fellpflegebutton* steht gemeinsam mit dem *Gurtbutton* für *Verbindung*, auch „von oben". Hier betreiben Pferde gegenseitig Fellpflege, haben also wirklich Körperkontakt. Deshalb empfiehlt Sharon, das Pferd nach der Begrüßung oder dem „Check-in" als erstes an dieser Stelle anzufassen (nicht im Gesicht)

Nichts ist naheliegender, als in einem Stressmoment beim Reiten kurz die Hand auf den Widerrist zu legen: „Ich bin da." Schließe einer Schrecksituation gerne ein *Das Baby schaukeln,* ein kleines, sanftes, langsames Schwingen durch deinen Körper, an, um zu zeigen, dass wieder alles entspannt ist.

Auch für das Thema gemeinsames Gleichgewicht beim Reiten ist der Fellpflegebutton ein wesentlicher Punkt. Achte darauf, dass er auch in Biegungen immer deine Mitte

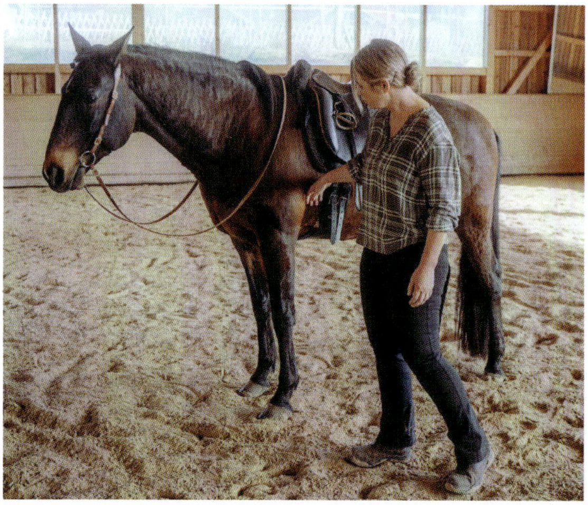

Frage am Gurtbutton: Sind wir verbunden und darf ich aufsteigen?

Erstes Anfassen: besser am Fellpflegebutton als im Gesicht

In Verbindung mittig über dem Fellpflegebutton

Verletzlichkeitsbutton: alles loslassen und vertrauen

bleibt. Viele Reiter rutschen zu sehr auf eine Seite, das Gefühl der „Einheit" ist verloren. Das ist die Basis des *Gleichschrittes.*
Zum Wenden, ganz gleich, ob geritten oder in der Bodenarbeit, kann der Gedanke hilfreich sein, den Widerrist ein wenig anzuheben. In der Bodenarbeit ziehst du einfach einen gedachten Faden in einer Geste aus dem *Fellpflegebutton*. Geritten unterstützt dies der sich hebende und öffnende *Yogazügel* (S. 148). Die Armbewegung wirkt sich auf deinen Sitz aus, du lädst das Pferd ein, vorne leicht zu werden und zu wenden, ganz gleich, ob es um eine Kehrtvolte oder eine Galopppirouette geht.
Ein vorgeschaltetes *Das Baby schaukeln* (S. 116) am *Fellpflegebutton* an der Aufsteigehilfe verändert für viele Pferde den Moment des Aufsteigens zum Positiven.

SPRING-AUF-BUTTON

Der *Spring-auf-Button* wird häufig als *Verletzlichkeitsbutton* bezeichnet. Pferde sind in diesem Bereich körperlich sehr verletzlich, ein Raubtier kann hier viel Schaden anrichten. Deshalb setzt es Vertrauen voraus, Zugang zu diesem Punkt zu bekommen. Der Stress eines Pferdes wird ganz besonders am *Folge-mir-Button* und am *Spring-auf-Button* sichtbar, einmal durch ein sehr hohes verspanntes Genick, einmal durch eingezogene Flanken. Entsteht Versammlung unter der Prämisse relativer Aufrichtung, so sind beide Buttons engagiert, aber nicht verspannt. Die Themen hinter dem *Spring-auf-Button* sind Sicherheit, Intimität, Vertrauen, Freundschaft und Verletzlichkeit, sowohl ganz reell als auch mental.
Vielleicht prüfst du mit diesem Hintergrundwissen, ob du den Gebrauch von Sporen in diesem empfindlichen Bereich (übergehend in den „Teambereich" des *Gurtbuttons)* verantworten möchtest. Es gibt keine Lektion, die nicht ohne Sporen auch zu reiten wäre. In wahrer Verbindung folgt dir dein Pferd freiwillig.

EINE GESCHICHTE ZUM SPRING-AUF-BUTTON

Auf einem Kurs in Seattle wollte ein Gastpferd partout nicht mehr in seine Texas Trading Box zurück. Den ganzen Vormittag versuchten es etliche Pferdeleute. Sharon lief in ihrer Mittagspause vorbei, zeigte dem Pferd erst Führung und dann Schutz über den Hüftbutton, um es dann mittels einer Aktivierung des Spring-auf-Buttons in die Box zu schicken.

MACH-PLATZ-BUTTON

Mittels des *Backenbuttons,* des *Mittelhals-* und des *Schulterbuttons* wird über seitlichen Raum gesprochen. Verhandlungen über vorderen Raum werden über den *Nasenrückenbutton* bzw. den *Rückwärtsbutton* geführt. Für Gespräche über den hinteren Raum ist der *Mach-Platz-Button* zuständig. Du hast ihn sicher schon einmal intuitiv verwendet in der typischen „Steh-um-Situation". Bei Pferden unter sich geht es meist um nicht mehr als einen Schritt. Berücksichtige dies gern bezüglich des Übertretens, frage freundlich an und nicht mehr, als sein muss.
Weiß man, dass ein Pferd ein „schnelles Hinterbein" hat, hilft das Wissen um den *Mach-Platz-Button*. Möchte ein Pferd an einem anderen vorbei, kannst du mitunter einen kurzen Blick zu diesem Punkt nahe dem Knie beobachten. Das Pferd sendet so die Message: „Kannst du Platz machen, aber dein Bein bei dir behalten?" Du kannst bei einem solchen Pferd einiges zum Positiven verändern, wenn du nach der Begrüßung einmal „durch die Buttons gehst" und dem *Mach-Platz-Button* dabei etwas mehr Aufmerksamkeit, etwa durch ein Streicheln, schenkst.
Das Wissen darüber könnte für die Arbeit am langen Zügel bereichernd sein.

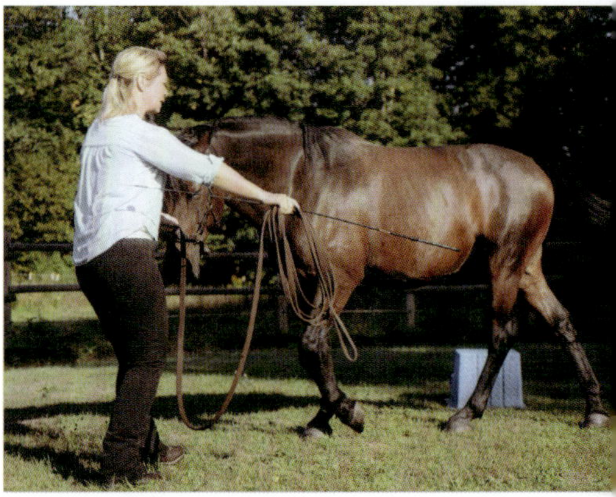

Mach-Platz-Button: Könntest du deine Hinterhand nach rechts bewegen?

HÜFTBUTTON

Der *Hüftbutton* jeweils auf den beiden Hüftumdrehern bedeutet: „Ich halte dir den Rücken frei."
Nachdem Sicherheit und Schutz in der Werteliste über allen anderen Themen stehen, ist das Halten des *Hüftbuttons* immer bereichernd, sei es bei der Annäherung, beim *Raum teilen,* beim Aufsteigen oder in Tierarzt-Situationen. In der Ausbildung kommt

Die Hand am Hüftbutton vermittelt Schutz von hinten.

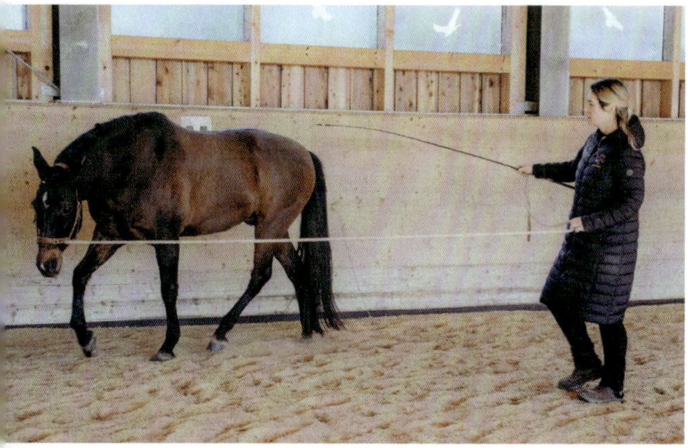

Gerte zum Hüftbutton: Lauf bitte weiter, ich sorge für deinen Schutz.

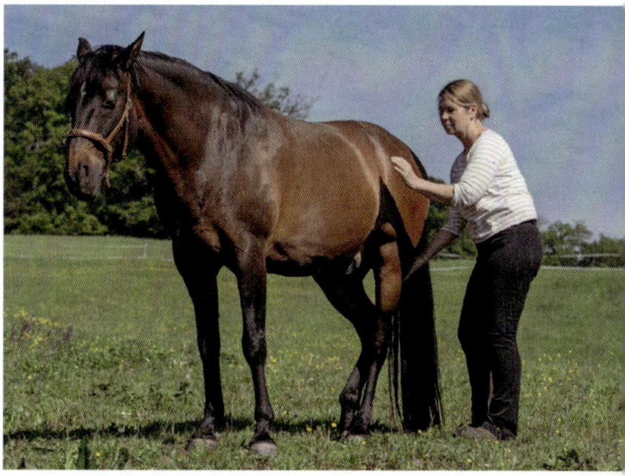

Ich sehe deine Verletzlichkeit, du könntest dich entspannen und setzen.

uns zugute, dass er die Doppelbedeutung (von hinten) bewegen und schützen gleichzeitig innehat. „Magst du bitte weiterlaufen, ich sorge für deinen Schutz", ist longiert und geritten eine effektive Ansage.

SETZ-DICH-BUTTON

Den *Nasenrückenbutton* und *Setz-dich-Button* kannst du sehen wie zwei Buchstützen: Sie rahmen alle anderen Bücher (Buttons) ein und haben auch einen gewissen Dominoeffekt auf alle anderen. Beide haben sowohl die Themen des Vorwärts als auch des Runterschaltens/Runterkommen inne. Sie stehen in Verbindung zueinander beziehungsweise sollten zueinander in Verbindung stehen. Dies gilt für die mentalen und körperlichen Themen dieser Buttons.
Manchmal ist die (körperliche) Leitung von vorne nach hinten und zurück gekappt. Ein Grund könnte „absolute Aufrichtung" sein, also eine Aufrichtung, die nur durch die Hand entstanden ist. Dann „folgt" dir dein Pferd weder in ein *Therapeutisches Rückwärts* noch in sonst irgendeine (versammelnde) Lektion. Der *Folge-mir-Button* und auch der *Setz-dich-Button* sind fixiert. Interessant ist, sich die mentalen Themen sowohl des *Nasenrücken-* als auch des *Setz-dich-Buttons* bewusst zu machen. Man könnte sie zusammenfassen mit: „Chill mal" beziehungsweise „Du kannst runterkommen, dich sogar setzen." Es geht also um Entspannung, daraus kann andererseits aber auch energische Bewegung entstehen.
Und auch wenn jede Versammlung ein Kraftakt ist, ist es nur wahre Versammlung, wenn die Basis dessen Losgelassenheit und nicht Stress ist. Bei Stress wird das Pferd nicht „in die Hanken gehen", den *Setz-dich-Button* also weich machen, sondern das Bein gestreckt halten. Eine Piaffe wird zu „Stress auf der Stelle", die Kruppe hüpft hoch, statt sich zu senken. Stell dich mit soften Knien neben dein Pferd, atme entspannt und streiche ihm sachte von der Kruppe runter zum *Setz-dich-Button* in der schönen Kuhle rückseitig des Knies und halte diesen. Dein Pferd wird diesen Moment lieben und du auch.

Gute Gespräche mit den Buttons führen unter anderem zu Entspannung und Wohlbefinden, also einem Nullzustand, von Sharon Zero genannt.

ZERO: DIE BASIS FÜR ALLES

Denken wir an die rein körperliche Ausbildung eines Pferdes, gilt die Losgelassenheit als die Basis für alles. Sie sollte nie verloren gehen, sonst ist alles andere wertlos. Die meisten Reiter haben das schon mal gehört, wenige beherzigen es im Alltag wirklich.

»Tu es nicht nur – tu es im Zero.«

Sharon

Fehlende Losgelassenheit wirkt sich negativ auf jeden anderen Punkt der Skala der Ausbildung aus. Über das Zero, den entspannten Nullzustand, lässt sich die absolut identische Aussage treffen. Viele wissen das in der Theorie, in der Praxis wird über Momente, in denen eins von beiden abhandengekommen ist, hinweggegangen. Richtig wäre abzubrechen und sich erst einmal Zeit zu nehmen, dem Pferd in einen entspannten und damit lernfähigen Zustand zurückzuhelfen.

DIE URSACHE FINDEN

Sieht man genau hin, hat fast jedes Pferd die eine oder andere Situation, die es „stresst". Bei dem einen ist es bereits der Moment, in dem ein Mensch auftaucht, das nächste hat ein Thema mit dem Befestigen des Strickes. Die Liste ist endlos, vom Öffnen der Boxentür über die Panik, beim Hufeauskratzen auf drei Beinen stehen zu müssen (nicht flüchten können), bis zum Satteln oder Verladen. Und es gibt Tage, da ist etwas, was immer okay ist, aus einem akuten Grund nicht okay.

Es ist sinnvoll, sich jede Situation im Zusammensein mit deinem Pferd schonungslos anzusehen und im Fall des Falles zurückzugehen an den Punkt, an dem dein Pferd dir, vielleicht schon seit Jahren, Stress anzeigt. Das kann sein durch ein Fellzucken, ein

Vor dem Reiten ins Zero durch den Folge-mir- und Nasenrückenbutton gemeinsam

Höhernehmen des Kopfes, Wegtreten, Stampfen, Schweifschlagen, Schnappen, die Ohren anlegen, das Maul rümpfen usw. Ganz gleich, um welches Thema es sich handelt, ist der Weg von Horse Speak immer der, einen entspannten Geisteszustand aufrechtzuerhalten bzw. wiederherzustellen.

ZERO FINDEN

Es bieten sich einige gezielte Übungen, wie *Das Baby schaukeln* (siehe Vorübung für Stellung, S. 116) für den akuten Moment an, grundsätzlich zählt aber das „große Ganze":

Das Pferd erfährt über die Zeit, dass

1. von dir *n i e* etwas Schlechtes ausgeht, du es nie ungerecht strafst, weder für Reaktionen aus Angst heraus noch dafür, etwas „falsch" gemacht zu haben;
2. im Gegenteil die Zeit mit dir i m m e r bereichernd ist, weil du ab der ersten Sekunde für die Sicherheit deines Pferdes sorgst, dich bemühst, seine Sprache zu lernen, es zu *s e h e n* und zu verstehen, auf seine Bedürfnisse eingehst und Quality time mit ihm teilst;
3. du, wenn du einmal eine Grenze setzen musst, dies in angebrachter Intensität tust und dann das Geschehene im selben Moment abschließt. Sharon spricht hier von einem X f ü r das Pferd, nicht gegen es. Du vermittelst: „Bis hierher und nicht weiter", aber strafst es nicht.
4. Du sorgst für dich und dein *Zero,* kurzfristig wie langfristig.
5. Du bemühst dich, seine sechs *Werte* in dem erforderlichen Mindestmaß zu erfüllen.
6. Du entwickelst Bewusstsein und damit einhergehende Klarheit bezüglich des *persönlichen Raumes.*

Ich kümmere mich um alles, was dich beschäftigt.

»Unter Stress lässt sich schlecht lernen und im Übrigen auch schwerlich Muskeln aufbauen.«

Kirsti

7. Es gibt kein Rumscheuchen. Niemals. Weder im Round-Pen noch an der Longe noch geritten. Weder um das Pferd müde zu machen noch aus „Dominanzgründen".
8. Zeit und Geduld sind dein Mantra.
9. Du erklärst deinem Pferd alles logisch, im Alltag und in der Ausbildung. Fragen (vorab) freundlich beantwortet zu bekommen, entspannt.
10. Du weißt um die Wichtigkeit von Routinen.
11. Du weißt um den Wert von Pausen.
12. Du gibst positives Feedback: Feedback nicht nur in der „Arbeit", sondern auch bezüglich eines schönen entspannten gemeinsamen Moments. Das stellt Bewusstsein für diesen Moment her und vertieft das Zero. Das kann sein: (Zurück)Schnauben, ein anderes freundliches Stimmsignal, Raum geben, je nach Pferd auch Streicheln.
13. Das Vorwärts-abwärts ist deine reiterliche Basis oder, anders ausgedrückt, dein aktiver entspannter Nullzustand.

Aktives Zero in der Bewegung: Nasenrückenbutton voran, Folge-mir-Button entspannt

Ein gesicherter Nullzustand ist die Basis, um sinnvoll die Gangart erhöhen beziehungsweise die Intensität verstärken zu können – möglichst ohne ihn zu verlieren.

ENTSPANNT VERSUS MÜDE

Es ist sehr erhellend, sich zu vergegenwärtigen, dass „müde machen" (etwa durch freilaufen lassen) und „direkt" in die Entspannung zu verhelfen zwei verschiedene Dinge sind. „Ablongieren" im üblichen Sinne macht vielleicht „müde", ist aber nur Symptombekämpfung, die Ursache für das Thema ist nicht behoben.
Gehst du in einem schwierigen Moment Joggen, geht es dir sicher irgendwie besser hinterher, du bist müde abends, das Problem ist aber nicht behoben. Wirklich entspannt bist du erst, wenn du zum Beispiel durch ein Gespräch auf einen Lösungsweg gekommen bist. Das ist bei Pferden nicht anders!

INTENSITÄT VERSTÄRKEN

Pferde unter sich verleihen einer Anfrage durchaus Nachdruck und sie sind dabei nicht zimperlich. Dies wird oft als Freischein gewertet, mit Pferden auch mal „deutlicher zu werden".
Pferde unter sich sprechen aber alle die gleiche Sprache, das heißt, es mag gelegentlich Missverständnisse geben, aber prinzipiell versteht man sich. Und nachdem Pferde sich nicht gegenseitig trainieren, weder Liegestützen noch Traversalen abverlangen, ist eine körperliche Überforderung auszuschließen. Da kann man sich also gegenseitig auch mal anblaffen, wenn einer nervt oder träumt oder meint, er braucht auf eine Frage nicht zu reagieren. Pferde schließen das aber auch sofort ab und gehen zurück zum Grasen.

Hier erhöhen wir die Energie gemeinsam, Gurt an Gurt, das Zero bleibt erhalten.

In diesem Moment treibe ich scheuchend (ohne Schutzgedanken), das Zero ist verloren.

> *»Du kannst die Intensität einmal(!) verstärken, dann musst du dir etwas anderes überlegen, einen Schritt zurückgehen.«*
>
> *Sharon*

In der Beziehung zwischen uns und unseren Pferden gibt es aber eine gewisse Sprachbarriere, die wir durch Horse Speak verkleinern können – aber dennoch. Im Hinblick darauf plus der Tatsache, dass wir Pferde „trainieren" wollen, sind zwei Fragen maßgeblich: „Hat mein Pferd die Frage verstanden?" und „Ist es körperlich in der Lage, sie zu beantworten?"

Von Bent Branderup stammt wohl der nette Vergleich: Wenn ich (als Däne) einen Deutschen auf Dänisch um etwas bitte, wird er mich nicht verstehen, auch nicht, wenn ich ihn dann auf Dänisch anschreie.

Die Pferdeindustrie stellt allerhand „Anschreier" bereit: Gerten, Sporen, Kandaren, Hilfszügel, die teils unter Einsatz von Kraft (gedankenlos) benutzt werden, ohne dass man sich die obige Frage gestellt hat.

VERTRAUEN VERDIENEN

Eine gute Beziehung gründet sich auf gegenseitigem Vertrauen. Vertrauen muss wachsen und basiert auf Erfahrungen, also auf bereichernder gemeinsamer Zeit und echtem Interesse.

Wir selbst fürchten vermutlich launenhafte Menschen oder gar Choleriker, also Charaktere, bei denen wir nie wissen, woran wir sind. Sie versetzen uns in Anspannung, wir warten immer auf den nächsten Ausbruch. Nicht anders geht es unseren Pferden. Angenehm, wenn der Besitzer auf die Koppel kommt und das Pferd aufgrund seiner Erfahrungen weiß, da kommt eine *immer* freundliche, geduldige Person, die mich *niemals* ungerecht behandelt, für meine Angst oder ein Missgeschick straft, aus Ungeduld oder Unzufriedenheit schlägt oder mich sonst irgendwie, sei es am Boden oder im Sattel, malträtiert.

DER PERFEKTE HORSE SPEAK-TAG – GEMEINSAM UND MITEINANDER

Lass uns, um Horse Speak im Zusammenhang zu verstehen, einmal einen imaginären Tag durchdenken. Wie trittst du mit einem Pferd in Kontakt und bleibst im Gespräch und damit in Verbindung?

Pferde lieben Tai-Chi, denn es verhilft dem Menschen zu aktivem Zero.

INS ZERO FINDEN

Die Basis für alles ist dein eigenes Zero. Langfristig hilft dir hier die Ausübung von Meditation, Tai-Chi oder Ähnlichem. Ich denke, dass dieser Aspekt unterschätzt wird. Ich liebe zum Beispiel die Bücher von Thich Hat Hanh sehr, sie verhelfen dir zu einer liebevollen, mitfühlenden Einstellung allen Wesen gegenüber.

Kurzfristig empfiehlt Sharon das Zusammenführen beider Ringfinger und Zeigefinger, es bringt den Oberkörper in eine *O-Haltung* und uns in Verbindung. Wir atmen fast unwillkürlich einmal tief ein und aus.

SCHUTZ

Sicherheit und *Schutz* stehen für unsere Pferde als Beute- und Fluchttiere über allem. Stell dir nun vor, du kommst, holst dein Pferd von der Koppel oder aus der Box, also aus einem geschützten Raum. Zeige ihm als Erstes an, dass du bereit bist, seinen Schutz zu übernehmen. Unter dieser Voraussetzung kann dein Pferd entspannt mit dir mitgehen. Zu diesem Zweck, schaust du dich um und deutest mit einer großen Geste dahin, wo du herkommst und wo du dein Pferd hinführen möchtest. Dein Arm und die Hand simulieren hier Kopf und Hals eines Pferdes, das die Umgebung scannt und sich dann entspannt, um zu sagen: „Ich habe mir das angesehen, ordne die Situation aber als ungefährlich ein." Dein Arm sinkt, du entspannst dich. Diese Geste zeigst du auch immer zwischendrin, wenn ein Pferd etwas sieht oder hört. So verdeutlichst du ihm, dass du seine Sorgen ernst nimmst.

DIE HALTE-HAND IN DER ANNÄHERUNG

Gerade im Moment der Annäherung, ganz gleich, ob auf der Koppel oder an eine Box, können wir über die *Halte-Hand* äußerlich in Verbindung treten, auch über einige Distanz. Meine Lehrmeisterin Sharon sagt: „Die Halte-Position ist der Moment, in dem ein Pferd auf ein anderes Pferd aufpasst, die Intention hat, es zu beschützen: Ich sehe dich, du bist sicher mit mir.

Die *Halte-Hand* ist eine Möglichkeit für uns Menschen, die wir im Gegensatz zu Pferden mit ihrem flächigen Körper eher ‚ein Strich in der Landschaft' sind, eine Verbindungsfläche zu schaffen (zum Beispiel beim gemeinsamen Stehen = Raum teilen). Und letztlich ist sie auch eine Voranfrage, das Pferd anfassen zu dürfen.

Lässt du deine Hand einmal von der Vorhand zur Mittel- und Hinterhand gleiten, gedanklich oder auch ausgesprochen begleitet durch *Ich sehe dich*, stellt dies eine Kurzform der *Figur Acht* dar."[4]

Die Aussage beider Varianten ist in etwa gleich: *Ich sehe dich, möchte mit dir ins Gespräch kommen und dich kennenlernen.*

Zum anderen ist die *Halte-Hand* auch ein Zeichen zur achtsamen Wahrung des eigenen Raumes und dem des anderen, eine schöne und sinnvolle Sache, um dir deinen Weg durch eine Herde zu bahnen. Auch in schwierigen Situationen, wie beim Schmied oder Tierarzt, hat sie sich bewährt.

Dies geht schon ein wenig in Richtung „Schutz geben", besonders, wenn du dabei zum *Hüftbutton* zielst. Auch in unserem Sprachgebrauch findet man den Begriff der „schützenden Hand".

Betrittst du die *persönliche Blase* (S. 34) deines Pferdes, hebt es seinen Kopf, weil es dich wahrgenommen hat. Ein guter Moment, um einen ersten Begrüßungsatem auszutauschen:

01

02

01 Ich habe die Umgebung für uns gecheckt. Sie ist sicher.

02 Ich sehe dich und möchte mit dir in Kontakt treten.

[4] Sharon Wilsie, Horse Speak, Das Trainingsbuch, Seite 188

zweimal kurz, einmal lang. Bleibst du kurz stehen, drehst dich ein wenig zur Seite und zeigst ein menschliches *Upsie,* guckst also zum Boden und drehst deinen Fußballen etwas hin und her (wie ein kurzes und sehr entspanntes Zigarette austreten), so zeigst du, dass du seine *Blase* respektierst und alles entspannt halten möchtest.
Eine andere mögliche Variante wäre, eine *Halte-Hand* zum Pferd zu richten und dich zu entspannen. Dies signalisiert deinem Pferd, dass du es siehst und entspannten Kontakt mit ihm aufnehmen möchtest.

SPIEGELN

Zeigte sich dein Pferd schon in der Annäherung gleich interessiert und möchte dich *begrüßen,* dann machst du dies natürlich. Ist dein Pferd gerade in der Fress- oder Ruhephase, wäre es ein feiner Zug von dir, es in dem, was es tut, zu *spiegeln* oder auch einfach mit ihm gemeinsam etwas zu „fressen" und es so bei dem Thema beziehungsweise *Wert* „abzuholen", bei dem es gerade ist. Steht ein Pferd in der Box am Heu, kann es völlig ausreichend sein, auf das Heu zu zeigen und dabei ein wenig zu schmatzen. Schließlich näherst du dich deinem Pferd zur Begrüßung von vorne an.

BEGRÜSSUNG – UND CHECK-IN

Die „formelle" Form der *Begrüßung* unter Pferden besteht aus einem dreimaligen Zusammenführen der Mäuler von vorne. Wieder wird das Maul des Pferdes durch den leicht gekrümmten Handrücken des Menschen imitiert.
Begrüßungen können verschieden schnell ablaufen: von so schnell, dass es für uns kaum sichtbar ist, bis zu einer Begrüßung, die sich über Minuten hinzieht.

Begrüßung von vorne mit dem locker geschlossenen Handrücken

In der ersten Begrüßungspause: „Den Radfahrer habe ich bemerkt."

Therapeutisches Rückwärts als Verhandlungsphase

Der Ablauf einer *Begrüßung* ist sehr von der jeweiligen Situation beeinflusst.

In den Pausen zwischen dem Maulkontakt deutest du durch eine kleine Drehung weg von deinem Pferd die Frage an, ob es dir in diese Richtung folgen würde, manchmal geht es dabei aber auch um das Thema der Sicherheit (ob die „Luft in dieser Richtung rein ist").

Alle Details zur Begrüßung findest du in Sharons Buch „Sprachkurs Pferd."[5]

Innerhalb einer Begrüßung ist auch das intensive einseitige Beschnüffeln einer Nüster zu beobachten. Es liegt nahe, dass die Wahl der Nüster im Zusammenhang mit der sensorischen Lateralität steht: „Die meisten Pferde bewegen sich einseitig mit geneigtem und/oder gedrehtem Kopf auf ein Objekt zu. Diese leichte Neigung beträgt meist nur drei bis fünf Grad."[6] Mittels Zeigefinger und Daumen haben wir die Möglichkeit, mit unseren Händen eine Nüster zu formen und diese Begrüßung zu imitieren.

Die „informellere" Form der *Begrüßung,* das einmalige Zusammenführen von Pferdemaul und Hand, bezeichnen wir als *Check-in*. Diese Variante wählt man, wenn man sich gut kennt beziehungsweise sich an dem Tag schon gesehen hat oder vielleicht bereits eine Begrüßung über den Atem stattgefunden hat.

DAS GEH-WEG-GESICHT

Wechsle nach der Begrüßung auf die Seite des Pferdes und deute mit einem oder mehreren Fingern auf seine Backe (oder berühre sie). Bitte so um (seitlichen) Raum. Mit dieser kleinen Geste, eine *low calorie conversation*, meldest du auf Pferdeart Anspruch auf 51 % in der Beziehung an.

In dem Augenblick, indem dein Pferd dir Raum gibt, „gibst du nach", drehst dich ebenfalls weg, gibst also deinerseits Raum. Vielleicht gehst du noch einen Schritt weg, um so zu sagen: „Danke, das wollte ich."

Ein Pferd im Round-Pen „zu schicken", ist nicht nur unnötig, sondern auch unhöflich und unfair.

[5] Sharon Wilsie, Sprachkurs Pferd, S. 55

[6] Konstanze Krüger / Isabell Marr, Forschung trifft Pferd, S. 188

Palm down is calm down: Handhaltung mit dem kleinen Finger zum Haken entspannt.

„ICH BIETE DIR DIE HAND AN" – FÜHREN

In Sachen Führung ist für ein Pferd mentale Verbindung und Körpersprache wichtiger als der Strick. Möchtest du dein Pferd von der Koppel in den Stall führen, deutet die Hand, die schon durch das Grüßen Kontakt hergestellt und sicherlich etwas gestreichelt hat, in einer fließenden Bewegung vom *Backenbutton* über den *Halsbutton* zum *Schulterbutton* und evtl. noch zum *Gurtbutton*. Pferde tun dies durch einen Blick. Dann wandert deine Hand voraus und der Handrücken bietet dem Pferd eine Möglichkeit, sich mit uns zu verbinden. Am liebsten folgt dir dein Pferd, wenn du in einem Halbkreis angehst, das ist ein natürliches Bewegungsmuster unter Pferden.

ZUR HAND SUCHEN – DIE „GUTE BANANE"

Das Greifen des Strickes mit Daumen und Zeigefinger führt eher zu Widerstand und damit zu einem hohen Kopf und durchgedrücktem Rücken. Die Idee des *Palm down is calm down* verändert dies positiv. So kann eine *gute Banane* bereits beim Führen entstehen. Die Handhaltung mit dem kleinen Finger zum Haken des Strickes, *Palm down is calm down,* sowie die Einladung zur Bewegung durch die *schöpfende Hand,* tragen wesentlich dazu bei.
Zeigst du mit deiner zweiten Hand gleichzeitig in die Richtung, in die du möchtest, entsteht noch mehr *Klarheit,* das hilft vielen Pferden sehr. Mit dem Zeigen auf euer Ziel richtest du außerdem deinen Blick eindeutig aus.

» Ungeduld macht unglaubwürdig. «
Sharon

DAS PFERD BLEIBT IMMER WIEDER STEHEN

Es kommt immer mal vor, dass ein Pferd „unwillig" von der Koppel mitgeht. Das kann verschiedenste Gründe haben. Die *Werte* können eine Rolle spielen, es möchte beispielsweise die *Sicherheit* der Herde ungern verlassen oder vielleicht braucht umgekehrt die Herde seinen Schutz, aber natürlich auch, weil es einfach mit den Kumpels abhängen und fressen den Traversalen vorzieht.
Zwei weitere Gründe, weshalb Pferde in dieser Situation teilweise immer wieder stehen bleiben, sind, dass wir uns der Blasen der anderen Pferde nicht bewusst sind und zu nah an anderen vorbeiführen möchten, womöglich durch die persönliche Blase eines ranghöheren Pferdes. Auch ist es menschentypisches Vorgehen, den kürzesten Weg zum Tor zu wählen – Pferde wählen aus gutem Grund immer bestimmte Wege auf dem *Schachbrett* Koppel. Wir als Raubtiere machen uns über den sichersten Weg wenig Gedanken. Pferde nähern sich aber gern vorsichtig an, oft in Halbkreisen beziehungsweise im Zick-Zack.

GLAUBWÜRDIG SCHUTZ ÜBERNEHMEN

Setze deine Ankündigung um, für die Zeit eures Zusammenseins den *Schutz* deines Pferdes zu übernehmen. Geh auf eurem Weg von der Weide zum Putzplatz oder Stall auf alles ein, was dein Pferd beschäftigt. Gucke und zeige in angemessener Länge und Intensität hin und entspanne dich wieder, um zu vermitteln, dass keine Gefahr droht. Müsst ihr an etwas Gruseligem vorbei, so gewähre deinem Pferd Schutz: Du begibst dich zwischen dein Pferd und das Objekt, eine Halte-Hand mit schwerem Ellbogen zum Pferd gerichtet, die andere Hand bereit, die Gefahr abzuhalten. Wenn möglich gib dem Pferd genug Zeit.
Pferde brauchen einige Zeit, um eine Situation zu verarbeiten. Meist schnaufen sie nach Abschluss der Verarbeitung nach einigen Sekunden durch und es kann weitergehen.

UMGEBUNG SICHERN

Die Frage der *Sicherheit* wird immer im Wechsel zu einer neuen Räumlichkeit besonders wichtig.
Stürmt in einem Krimi ein Sondereinsatzkommando ein Haus, dann sichern sie einen Raum nach dem anderen. Finden sie niemanden vor, rufen sie: „Gesichert". Ich gehe mal davon aus, das macht die echte Polizei auch so.

Handhaltung mit dem Daumen zum Pferd erzeugt tendenziell mehr Widerstand.

Gerade die Bereiche rechts und links von der Tür sind zunächst uneinsehbar, deshalb ist zum Beispiel der Wechsel in oder aus dem Stall oder der Reithalle immer potenziell stressig für ein Pferd. Dein Pferd wartet gern hinter dir, während du rechts und links guckst und hinzeigst, dein Arm und deine Hand simulieren dabei Pferdekopf und Hals. Vielleicht kennst du den Spruch aus der Schule noch: „Schau links, schau rechts, schau geradeaus, dann kommst du sicher gut nach Haus."

ICH NEHME DEN ZAUN EIN

Auch das Berühren dreier Dinge, wenn ihr zum Beispiel den Reitplatz betretet, ist natürliches Pferdeverhalten. Unsere Arme und Hände entsprechen dem Kopf und Hals eines mutigen Pferdes, das mittels seines Mauls die Aufgabe der Absicherung übernehmen würde (I own the fence – *Ich nehme den Zaun ein*). Drei Dinge deshalb, weil dann augenscheinlich wird, dass es sich nicht um eine zufällige Geste handelt. Diese anscheinend kleine Geste hat nicht unwesentliche Bedeutung und Auswirkung, auch auf unser Reiten und Longieren. Pferde lernen von den ersten Fohlentagen an, von Grenzen jeglicher Art wegzubleiben, weil es tendenziell gefährliche Plätze sind. Nimmt ein Pferd die Außenseite in Beschlag und zeigt mit dem Maul Richtung Zaun, Mauer oder Hallenbande, so zeigt es an, die Zuständigkeit für die Einflüsse von außen zu übernehmen. Pferde, die das tun, sind naturgemäß eher mutige ranghohe Persönlichkeiten, zum Beispiel Beschützerpferde, die dann auch das Tempo bestimmen dürfen. Berührst du also mit deiner Hand den Zaun und signalisiert so, dass du (glaubhaft!) die Verantwortung für das Außen übernehmen wirst, bist du auch in einer guten Position, Ansagen bezüglich der Gangart machen zu dürfen.

Übrigens: Die Gesten zum *Schutz* und auch Pausen zur Verarbeitung mögen zu komischen Blicken deiner Stallkollegen führen. Im Ansehen deines Pferdes steigst du aber. Dein Pferd wird sich dir immer entspannter anschließen, man könnte es auch „folgen" nennen (*Folge-mir-Button*). Da komme ich mit schiefen Blicken gern gut zurecht: „Ist der Ruf erst ruiniert, ..."

Ich übernehme Verantwortung für die Einflüsse von außen.

DAS CHECK-IN

Ich habe das *Check-in* vorher bereits als informellen Gruß erwähnt. Je nach Situation kann das *Check-in* aber auch eine Absicherung darstellen: „Bist du noch da? Ist alles gut?"
Viele Pferde bitten darum, sobald wir anhalten, in der Bodenarbeit wie auch geritten. Sie positionieren sich mit ihrer Schulter an deiner: „Wir sind doch Freunde, oder nicht?" und drehen den Kopf zu uns. Schön, wenn wir ihnen auf diese Frage hin unseren Handrücken anbieten, als Stelle, an der sie andocken können, so lange wie sie es brauchen. Einige Pferde entspannt es, wenn du ihnen das Maul mit etwas Druck aus deinem lockeren Handrücken von oben nach unten abstreichst.
Ich empfinde das Wissen um das *Check-in* als extrem bereichernd. Ich bin mir sicher, es ändert für *alle* Pferde etwas, in diesem verletzlichen Moment gesehen und nicht weggeschickt zu werden. Diese Geste ist für mich vergleichbar mit dem Tasten eines Kindes nach der Hand der Mama in Stresssituationen.
Famosa bat mich als Führperson am Boden besonders in den ersten Reiteinheiten auffallend viel darum. Wie schön, dass sie es sich zu diesem Zeitpunkt bereits „traute", sich so weit geöffnet hatte und wusste, ich sehe sie und helfe ihr. Es sind so innige Momente, verwehre sie dem Pferd nicht.

Nach dem Longieren nähere ich mich wieder an und checke ein.

GESPRÄCHE MIT DEN BUTTONS

Für mich ist es ein bisschen die „Essenz von Horse Speak", in einem entspannten Moment *durch die Buttons zu gehen.* Es geht darum, dein Pferd wirklich kennenzulernen, zu sehen, welche Themen es aktuell oder auch von früher beschäftigen. Ich versuche dies an einem Beispiel zu erklären:
Ein junges Pferd, eigentlich ein sehr menschenbezogener, sensibler Charakter, war extrem früh angeritten und hochpreisig verkauft worden. Ein klassischer Fall von „zu früh zu viel". Schließlich setzte er seinen Reiter „böse" ab.
Als ich seine Box betrat, zeigte er als Erstes ein *Upsie*, ein schnelles kurzes Senken des Kopfes. So bat er darum, Druck rauszunehmen. Ich drehte meine Körpermitte weg von ihm, blieb stehen, blickte nach unten und drehte meinen Fußballen kurz etwas am Boden, zeigte ihm also so die menschliche Version des *Upsies.*
In der Tür der Box stehend ließ ich meine Hand drei Mal über seinen Köper gleiten. Jedes Mal, wenn ich zum Hüftbutton kam, nahm er den Kopf hoch und stampfte, ein deutliches Zeichen, dass hier etwas nicht in Ordnung war. Es war der Wert des Schutzes, der ihm in seinem jungen Leben gefehlt hatte. Hätte man ihm bezüglich des Anreitens mehr Zeit gegeben und letztlich vor allem ihn als Persönlichkeit mit seinen Bedürfnissen gesehen, hätte es zu dem schweren Reitunfall vielleicht nicht kommen müssen.
Ich widmete dem Hüftbutton einige Zeit. Ich stellte mich auf Höhe der Kruppe neben das Pferd, meinen Blick nach vorne gerichtet, so weit entfernt, wie die Box es zuließ, und zielte mit meiner Handinnenfläche auf den Hüftbutton, „hielt" ihn, atmete entspannt und suggerierte so: „ Ich will nichts von dir, im Gegenteil, ich bin für dich da,

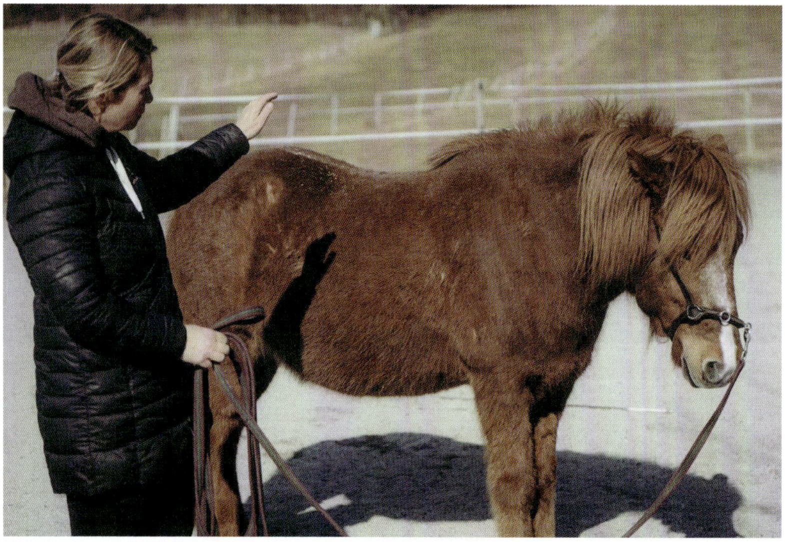

Durch die Buttons gehen: Ich sehe dich mit all deinen Themen.

„Menschliches Schweifwedeln", um ein Thema abzuschließen und abzuwählen.

ich schütze dich, du kannst entspannt fressen oder schlafen oder was auch immer." Ziemlich bald atmete der Wallach tief durch, ließ seine eingezogenen Flanken los, knickte die Hüfte ein, hörte auf zu fressen, seine Augen wurden kleiner, er entspannte sich sichtlich.

Ich liebe diese Momente inzwischen über alles, mehr Nähe mit einem Pferd gibt es kaum. Die Gespräche mit den Buttons sind ein hochinteressantes Thema, Näheres hierzu findest du in „Sprachkurs Pferd, Das Trainingsbuch".[7]

PAUSE UND VERABSCHIEDUNG

Last, but not least kannst du dich auch, wie Pferde es unter sich tun, von deinem Pferd verabschieden oder eine Pause anzeigen, zum Beispiel, wenn du noch Stangen aufräumen möchtest und die Situation des „gemeinsam zusammen Stehens" hierfür beenden möchtest. Ein sanftes „Wischen" aus deinem Arm simuliert das (abschließende) Wedeln eines Pferdes mit dem Schweif.

[7] Sharon Wilsie, Sprachkurs Pferd, Das Trainingsbuch, Seite 130 ff.

DEM PFERD EIN PARTNER SEIN

— *mental und körperlich*

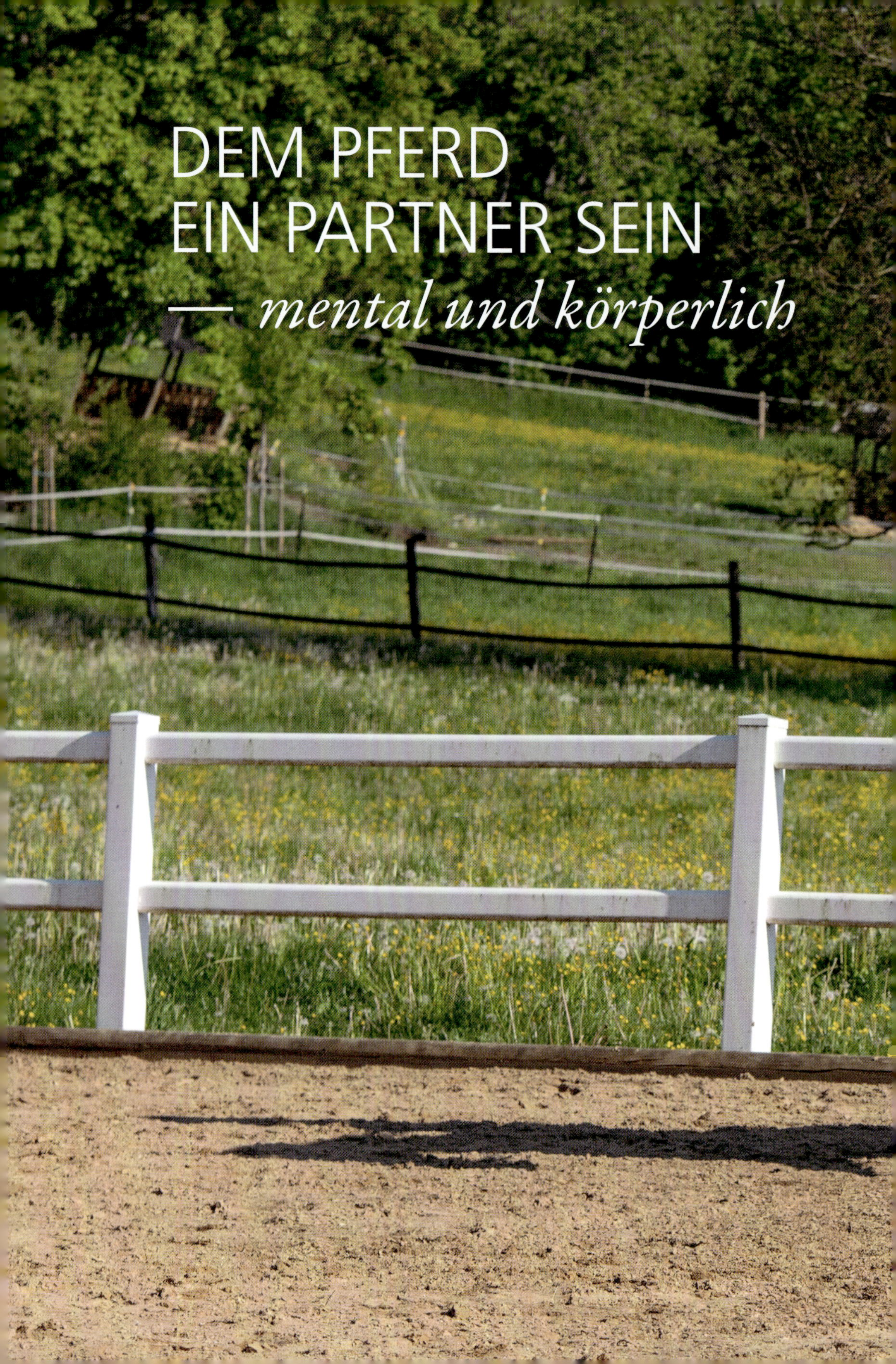

DIE KÖRPERLICHE SEITE DER BALANCE

Für Pferde als Beute- und Fluchttiere ist eine gute körperliche Balance essenziell. Fühlt sich ein Pferd körperlich „in Schräglage", wird es verunsichert und gestresst, wir empfinden das als „guckig". Wir tun unseren Pferden einen Gefallen, wenn wir reell reiten lernen und ihnen durch sinnvolle Ausbildung zu körperlichem Gleichgewicht verhelfen.

Muss eine ältere Frau durch einen dunklen Park laufen, wird sie sich öfter umsehen und sich sorgen („Da ist etwas") als ein junger fitter Mann, der weiß, dass er im Falle eines Falles das Vermögen hätte, sowohl zu flüchten als auch zu kämpfen.

Körperliches Selbstvertrauen führt zu mentaler Ausgeglichenheit. Das ist bei Pferden nicht anders.

Es wird zudem oft unterschätzt, was es für ein Pferd bedeutet, einen Menschen zu tragen. Sie sind nicht zum Tragen geboren. Reiten wir sie trotzdem, sind wir verpflichtet, die besten Voraussetzungen zu schaffen, dass sie uns ohne körperliche und seelische Schäden (er)tragen können.

Pferde „einzurollen" ist wahrlich kein „feiner Zug", aber ein Pferd jeden Tag am langen Zügel in den Wald zu reiten, ist evtl. gut gemeint, aber auch nicht die Lösung. Mangelnde Geraderichtung (Seite 70) kann zu Verschleiß und Lahmheiten führen.

Neben der körperlichen Herausforderung bedarf Innenstellung und -biegung…

... Vertrauen und Sicherheit in das Außen und den Reiter.

KORREKTE BIEGUNG ALS ZIEL

Hier stellt sich natürlich die Frage, wann ein Pferd (und sein Reiter) im Gleichgewicht ist. Für mich haben Pferd und Reiter das nötige gemeinsame Gleichgewicht in dem Augenblick gefunden, in dem sie zu einer wirklich korrekten Biegung fähig sind, auf beiden Händen, ganz gleich, ob eine Ecke, ein Zirkel oder eine Volte. Das ist die Basis für alles weitere, wie z. B. ein perfektes Schulterherein – kann aber auch das Ziel sein.
Ich möchte ein Zitat von Alois Podhajsky einfügen: „Die erste Erkenntnis, die mir der Unterricht an der Spanischen Hofreitschule vermittelte, war, dass es nicht so sehr auf das ‚Was' als auf das ‚Wie' ankommt ... Es mag seltsam klingen, von runden Volten zu sprechen, da die Volte doch ein kleiner Kreis von sechs Menschenschritten Durchmesser und jeder Kreis rund ist. Ein Kreis wohl, aber eine Volte nicht immer, wie man sich bei Dressurprüfungen überzeugen kann. Bei einer richtigen Volte ist das Pferd im ganzen Körper gleichmäßig gebogen und das innere Hinterbein tritt vermehrt unter den Schwerpunkt, muss sich daher mehr biegen, was eine größere Anstrengung erfordert ... Diese Volten haben uns Schülern mehr Kopfzerbrechen verursacht als später die schwierigen Figuren, die wir auf dem Fundament der minutiösen Grundausbildung verhältnismäßig rasch lernen sollten."[8] Das ist ein wirklich bemerkenswerter Satz.
Jeder, der reitet, sollte eine korrekte Biegung reiten können. Dies ist *d i e* Voraussetzung, um allem voran der Gesundheit des Pferdes Rechnung zu tragen, denn dieses Wissen befähigt dich, ein Pferd geradezurichten.

[8] Alois Podhajsky, Meine Lehrmeister die Pferde, Seite 58

„Ich nehme den Zaun ein" erzeugt die Sicherheit, die für eine Biegung nach innen nötig ist.

ÜBER DIE GERADERICHTUNG

„Wir können dem Pferd unter dem Reiter so viel Ruhe und Sicherheit bieten, dass es nicht zum stark einseitigen Gebrauch der Sinnesorgane oder Muskulatur gezwungen wird."[9] Mit diesem Satz schließen die beiden Autorinnen des Buches „Forschung trifft Pferd" nicht nur ihr Kapitel über Lateralität, sondern auch ihr Buch.

Ich möchte das folgende mir wichtige Kapitel mit diesem Satz beginnen, weil er andeutet, dass es bezüglich der Geraderichtung um mehr geht als um die Umformung von Muskeln – und auch, weil er Teil der Antwort auf die berechtigte Frage ist, was denn bitte Horse Speak zum Thema der Geraderichtung beitragen kann.

VORHAND VOR DIE HINTERHAND SETZEN

In der Geraderichtung geht es zum einen um den Ausgleich der Asymmetrie im Körper eines Pferdes, und zum anderen um die Tendenz von Pferden, eine gleichbleibende Anlehnung mit allen Buttons zum Zaun

[9] Konstanze Krüger/Isabell Marr, Forschung trifft Pferd, Seite 209

Mental nach außen gerichtet, im Körper sichtbar

Die Vorhand des Pferdes vor die Hinterhand richten

oder der Bande halten zu wollen. Nachdem Kopf und Hals aber deutlich schmaler sind als die Vorhand, und die Vorhand dann nochmal etwas schmaler ist als die Hinterhand (Keilform), bewegen sich Pferde zwar in gewisser Weise parallel zur Reitbahnumrandung, aber dennoch bewegt sich die Hinterhand etwas mehr ins Innere versetzt. Pferde adoptieren die Halle oder den Zaun gewissermaßen als *Halte-Hand*, an der sie sich „festhalten" können.

Steinbrecht beschreibt den Zusammenhang wie folgt: „Jedes rohe Pferd wird, auf dem Hufschlag, an der Wand geführt, mit dem äußeren Vorderfuße derselben ebenso nahe bleiben wie mit dem äußeren Hinterfuße. Hierdurch kommt es aber in eine schiefe Richtung, weil die Schultern schmaler im Bau sind als die Hüften."[10] Ich vermute, es beginnt mit dem äußeren Backenbutton und nicht erst mit dem äußeren Vorderfuß. Der Drang, das Außen im Blick zu behalten, potenziert die tendenzielle „Nach-außen-Gerichtetheit" nochmals und verstärkt den Effekt.

Ganz gleich, ob das Pferd sich nach außen wendet, um die Umgebung zu sichern, um seine Nase zur Beruhigung an den Zaun zu drücken oder um einen Grashalm zu zupfen: Alle diese Verhaltensweisen sind als fehlende bzw. unglaubwürdige „Ich beanspruche das Außen für mich"-Ansagen unsererseits einzuordnen. Insofern kann das Sichern der Umgebung bzw. das Wissen des Pferdes, dass der Reiter seine Sicherheit generell übernimmt (I own the Fence, *Ich nehme den Zaun ein*), einen positiven Beitrag zum Thema Geraderichtung leisten. Es ist weniger im Außen, mehr bei sich und beim Reiter und im Inneren der Reitbahn.

---

[10] Gustav Steinbrecht, Das Gymnasium des Pferdes, Seite 53

01

02

03

Vielleicht nicht immer, aber immer öfter. Verliert es das Innen, kann im akuten Moment das Deuten auf den Backenbutton (von oben, mit dem Finger oder Gertenkopf beispielsweise und der Intention „Sorge dich nicht, *i c h* nehme den Zaun ein“ (und sorge damit für das Außen) für eine verbesserte Geraderichtung sorgen. Wichtig, um das langfristig glaubhaft zu machen, ist, dass du im Alltag am Boden und besonders beim Abgehen des Platzes auch immer daran denkst.

LATERALITÄT

Der alte Grundsatz lautet: „Geraderichtung durch Biegung.“ Um einen verbogenen Nagel „geradezubiegen“, biegt man ihn in die andere Richtung. Prinzipiell „funktioniert“ das beim Pferd ganz ähnlich, die Hintergründe sind nur etwas komplexer. Krüger und Marr fassen es wie folgt zusammen: „Man geht davon aus, dass die körperliche Schiefe durch die Ungleichverteilung der Organe im Körper, durch angeborene, genetische Anlagen und die gekrümmte Lage des Emryos im Mutterleib bedingt wird.“[11] Dazu kommt die einseitige Verarbeitung von Informationen in den zwei unterschiedlichen Gehirnhälften (zerebrale Lateralität). Dies ist mitentscheidend dafür, welche

Umformung durch Sicherheit und Gymnastik:

01 Nick möchte linke Hand lieber in seiner natürlichen Schiefe (rechts hohl) bleiben.

02 Hier kann er die Linksbiegung auf der Geraden erstmals einen viertel Zirkel halten (leichter Innenzügel).

03 Nick lässt den Hals fallen und ist auf der eingeleiteten Volte reell gebogen. Er kippt nicht mehr auf die Schulter.

[11] Konstanze Krüger / Isabell Marr, Forschung trifft Pferd, Seite 182

Geraderichtung durch Biegung, Nasenrückenbutton voraus

Sinnesorgane (sensorische Lateralität) und welche Gliedmaßen (motorische Lateralität bzw. Händigkeit) ein Pferd situativ und auch langfristig bevorzugt benutzt.
Aus rein gymnastischer Sicht scheint zunächst die motorische Lateralität die spannendere. Interessanterweise wirken sich aber auch äußere Umstände körperlich aus: „Somit kann man eindeutig sagen, dass eine langfristige Linksverschiebung der Lateralität darauf hinweist, dass Pferde im Training oder in der Haltung Stress empfinden. Zum Beispiel würde man davon ausgehen, dass in einem Stall mit einer unzureichenden Liegefläche, in dem etliche Pferde unter Schlafmangel leiden, vermehrt linkshändige Pferde anzutreffen sind. Auch Pferde, die den Trainingsanforderungen nicht gewachsen sind und somit Stress erleiden, würden stärker linkshändig werden."[12]
Das heißt also rechts hohl.

OHNE ZERO KEINE GERADERICHTUNG

Schlafmangel ist ein Thema, das in den Bereich des Wertes *Wohlbefinden* fällt. Die beiden Autorinnen Konstanze Krüger und Isabell Marr erwähnen im Eingangszitat explizit die beiden Faktoren Ruhe und *Sicherheit.* Letzteres ist der wichtigste Wert

[12] Konstanze Krüger / Isabell Marr, Forschung trifft Pferd, Seite 207

Gemeinsames Zero ist Voraussetzung für ein ruhiges „Vorwärts-abwärts und gerade".

> *»Es wird immer augenscheinlicher, dass ein Mindestmaß der Werte nicht nur für das Erreichen des Zero, sondern auch für die Geraderichtung, vorhanden sein muss.«*
>
> *Kirsti*

für ein Pferd, ohne *Sicherheit* kann es nicht entspannt leben – gerade als Beute- und Fluchttier. Aber auch bei uns ist es nicht anders: Ohne das Quäntchen *Sicherheit* können wir weder atmen, noch lachen, noch lieben, noch schlafen, noch denken. Unsere Pferde müssen sich in allen Lebenslagen und vor allem mit uns wohlfühlen, damit sie entspannt leben können und sich nicht „verbiegen" müssen.

Ganz erheblich zum Tragen kommt dies in der Schulsituation, beim Pferd also beim Erlernen einer Lektion. *Sicherheit, Verbindung, Wohlbefinden* und *Klarheit* sind hier entscheidend für effektives Lernen, nicht Sporen und Kandare.

Eine Maßnahme, die für ein Pferd in einer Lernsituation wirklich etwas verändert, ist die Einführung eines *sicheren Ortes.*

„Wird den Pferden erlaubt, sich dann an einem sicheren Ort auszuruhen, bis sie spürbar entspannen (...), dann löst sich die körperliche Spannung inklusive der Krümmung und Verschiebung."[13]

[13] Konstanze Krüger / Isabell Marr, Forschung trifft Pferd, Seite 195

MEINE LEHRMEISTER, DIE PFERDE
Für Famosa, als ein bezüglich des Reitens traumatisiertes Pferd, war das Anbieten eines Sicherheitsobjektes und die Freiheit, dieses aufzusuchen, wann immer sie wollte, ein „Game changer". Durch Druck mit dem Maul an das Holz konnte sie sich selbst beruhigen. Wir Menschen hielten in dieser Zeit ein Schwätzchen und dann ging es entspannt (das heißt alle Buttons der Oberlinie in *einer* weichen Linie ohne Knick durch einen „aus der Reihe fallenden" hohen, verspannten Folge-mir-Button) weiter.

VORWÄRTS-ABWÄRTS

Ein gestresstes Pferd drückt dies durch eine *X-Haltung* aus: Es ist verspannt, verkürzt und damit meist relativ schief. Der Versuch, ein Pferd aus dieser Haltung mechanisch „geradezurichten", gelingt nur mit Muskelkraft. Das macht beiden Seiten keinen Spaß und wird zu Dauerstress führen. Das Pferd wird seinen *Folge-mir-Button* schwerlich loslassen, um uns ruhig und gerade in das Vorwärts zu folgen. In diesem Zusammenhang lohnt es sich, die althergebrachte Einstellung, Pferde müssen 45 Minuten ohne (Steh)Pause arbeiten, zu überdenken, sowohl bezüglich der Losgelassenheit als auch der Geraderichtung.
Welche Relevanz hat das für die Pferdeausbildung? Einer der Gründe, weshalb ich niemals von der Forderung des „Vorwärts-abwärts" als Basis für eine korrekte Ausbildung eines Pferdes ablassen werde, ist, dass ein losgelassenes Pferd, also eines ohne Verspannungen, an sich schon „länger" und gerader ist und sich somit auch langfristig leichter geraderichten lassen wird, ähnlich einem langen, dünnen Nagel. Auch dem Wunsch nach Stellung kann ein unverkürztes Pferd mit geöffnetem Genickwinkel leichter nachkommen. Daraus kann dann reelle relative Aufrichtung entstehen.

LINKS ODER RECHTS HOHL?

Üblicherweise unterscheidet man zwischen rechts und links hohlen Pferden: Ein rechts hohles Pferd ist tendenziell nach rechts gebogen, die rechte Körperseite ist somit die verkürzte, die linke die längere. Das rechts hohle Pferd trägt somit auf der linken Körperseite, besonders der Schulter bzw. dem linken Vorderbein, vermehrt Last.
Sehr deutlich sieht und spürt man die Schiefe beim Longieren. Auf der hohlen Hand fühlt sich alles relativ stimmig an. Ist keine Umzäunung vorhanden, driftet das Pferd aber seiner vermehrt belasteten Schulter folgend mehr nach außen, du bekommst übermäßigen Zug an der Longe. Longierst du auf der anderen Hand, will das Pferd in seiner „Wohlfühlhaltung" bleiben, damit ist es nach außen gebogen und folgt der vermehrt belasteten Schulter nach innen. Du hast Mühe, dein Pferd von dir wegzuschicken auf die gebogene Linie. Die gleichen Phänomene begegnen dir dann beim Reiten auf dem Zirkel oder der Volte. Das Ziel ist, dies durch das Training auszugleichen, eine

PROBIER ES AUS!
Die körperliche Schiefe lässt sich ziemlich gut mittels deiner Hände verstehen. Stellst du deine Hände locker vor dir auf, Handkanten nach unten, Daumen nach oben, entspricht deine linke Hand einem rechts hohlen Pferd: Die Außenseite der Hand ist die längere Seite, die Handinnenfläche die kürzere. Die Hand lässt sich deshalb schwer nach links biegen, sie kommt immer in ihre Wohlfühlhaltung leicht nach rechts gekrümmt zurück. Und umgekehrt steht die rechte Hand für ein links hohles Pferd.

Körperseite zu dehnen, die andere zu kräftigen. Durch die „Nähe" kann man beim Reiten direkt und klar helfen.

WARUM GERADERICHTEN?

Es lohnt sich aus mehreren Gründen, die beiden Seiten eines Pferdes langfristig gleich stark bzw. auch gleich biegsam zu machen.

- (Körperliches) Gleichgewicht ist für das Pferd als Beute- und Fluchttier essenziell. Ist es in einer schlechten körperlichen Verfassung, ist es leichte Beute. Das spiegelt sich in einer erhöhten Schreckhaftigkeit wieder. „Schwierig" und „schief" hängt oft direkt zusammen. Pferde, die gleichmäßig und stark auf ihren vier Beinen stehen und sich auf ihren Körper verlassen können, können dagegen ihr Zero finden.
- Ein ungerittenes Pferd wird mit seiner Schiefe sein Leben lang gut zurechtkommen. In dem Augenblick aber, in dem ein Zusatzgewicht in Menschengestalt oben drauf sitzt, kann eine nicht behobene natürliche Schiefe zu einem Gesundheitsfaktor werden (Fesselträgerschäden, Gelenkentzündungen).
- Geraderichtung ist dem „Vorwärts-abwärts" zuträglich. Je mehr Schiefen und Steifigkeiten beseitigt werden, desto besser kann das Pferd sich vorwärts-abwärts loslassen und zur Hand hinstrecken. Die Qualität, nicht nur der Losgelassenheit, auch aller anderen Punkte der Skala der Ausbildung, ist vom Grad der Geraderichtung abhängig.
- Und letztlich macht es auch wesentlich mehr Freude, ein Pferd zu reiten, das nach beiden Seiten ohne Ziehen und Drücken zu biegen ist, sich locker „über den Rücken bewegt", damit gut „zu sitzen" und körperlich wie mental „in seiner Mitte" ist.

Anfangs musste ich sehr schnell sein, ...

»Einer muss immer die Stellung halten.«

Kirsti

TIPPS FÜR DIE PRAXIS

Geraderichtung beginnt schon mit dem Führen auf beiden Händen. Ganz gezielt steigst du mit dem „Stellen im Stand" in das Thema ein. Daraus entsteht das wunderbare, hocheffektive „Führen in Stellung" (S. 118). So lässt sich fantastisch, schonend und logisch eine korrekte Biegung erarbeiten, die die Basis aller Geraderichtung darstellt. Ein schiefes Pferd möchte auf der festeren Hand gern seine „Wohlfühlhaltung" beibehalten. Es ist also wichtig, beim Führen in Stellung auf der festeren Seite anfangs relativ schnell zu reagieren, um innen zu bleiben und die Stellung zu halten. Sonst kippt das Pferd auf seine innere Schulter und „setzt" dich wie beim Reiten – „nach außen", auf die Seite, auf der es ihm angenehmer ist. Mit der Zeit ist es dann möglich, zuerst eine kleine Biegung etwa auf Voltengröße zu halten und das Pferd dann in Stellung und Biegung ein wenig nach außen zu verschieben.

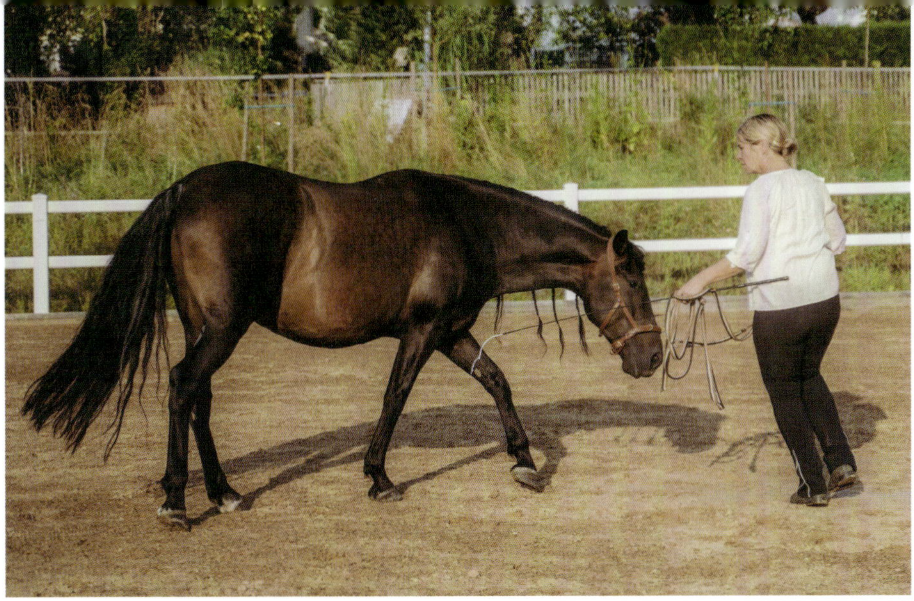

... damit Toni mich nicht nach außen „setzt", um in seiner Schiefe bleiben zu können.

An diesem Punkt kannst du euch gratulieren, ein entscheidender Schritt ist geschafft. Wähle (zunächst) für das Vergrößern nach außen unbedingt eine Stelle, an der dem Pferd das Außen angenehm ist.
Im Sattel lenken Reiter, deren Pferd beim Versuch, Stellung und Biegung zu halten, zunächst noch verkleinert, mit den Zügeln häufig wieder nach außen. Das birgt die Gefahr der Außenstellung. Besser ist es, du hältst die Stellung und damit die Biegung wenigstens für ein paar Schritte auf einem kleinen Kreis korrekt. Ihr habt so beide die Möglichkeit, wenigstens kurz zu fühlen, wie es sein sollte.
Mit der Zeit verlängerst du diese Phasen. Das Pferd nimmt den Außenzügel immer mehr an, du kommst vom Innenzügel weg. Da soll es hingehen! Dann erst kannst du versuchen, mittels entsprechender Hilfengebung und Blick auf die Linie gar nicht erst so klein zu werden beziehungsweise ein wenig zu vergrößern.
Dies geschieht mit allen Hilfen, außer dem äußeren Schenkel: Der äußere Zügel öffnet *Backe-Hals-Schulter* ohne Zug den Weg nach außen. Kein Zug, weil die Innenstellung erhalten bleiben soll. Der innere Zügel legt sich etwas an die innere *Backe-Hals-Schulter-Linie* an, die Hand wandert aber nicht über den Mähnenkamm. Diese anlegende Hilfe kann genauso Impulse geben wie der innere Schenkel, der das Pferd durch lockere Impulse bittet, sich ein wenig nach außen zu verschieben.

ÜBUNGEN SINNVOLL ZUSAMMENSETZEN

Aus gesundheitlichen Gründen ist es sinnvoll, diese geraderichtende Bodenarbeit zumindest gleichzeitig mit dem Longieren zu beginnen, um Schäden durch unphysiologische Bewegung auf dem Kreis vorzubeugen. Empfehlenswert sind Bodenarbeitseinheiten, deren Inhalt der Wechsel zwischen kurzen Phasen des Führens in Stellung und Führen auf Distanz sind.

Geraderichtung ist immer und immer wieder ein ganz wichtiger Punkt in der Pferdeausbildung, an dem viele stecken bleiben. Es lohnt sich wirklich, das gezielt aufzulösen, statt jahrelang Kompromisse zu machen beziehungsweise zu schummeln!

ACHTSAMKEIT UND DER EINZELNE SCHRITT

Im Zusammenhang mit Horse Speak fällt nicht ohne Grund immer wieder der Begriff der Achtsamkeit. Achtsamkeit bedeutet nichts anderes, als wahrhaftig im Augenblick zu sein. Der Zustand also, in dem Pferde grundsätzlich immer leben.

> *»Es ist nicht das, was wir tun, was uns glücklich macht, sondern die Aufmerksamkeit, mit der wir etwas tun.«*
>
> *Haemin Sunim, Zen-Mönch*

Als ich diesen Spruch zum ersten Mal las, dachte ich für einen kurzen Moment, welch ein Quatsch. Ich weiß, dass ich gern reite, aber nicht gern die Küche aufräume. Dann habe ich mir Beispiele gesucht und konnte es nachvollziehen. Essen und Essen kann zweierlei sein, ein entspanntes Abendessen mit Freunden oder ein Sandwich im Gehen, um satt zu werden. Immer wieder spielt in diesem Zusammenhang Zeit eine große Rolle. Reiten ist schön, aber unter Zeitdruck ein Pferd „schnell noch zu bewegen", weil es eben sein muss, macht meist beiden keinen Spaß.

In anderen Fällen ist es aber nicht der Zeitfaktor, sondern reine Achtlosigkeit:

Einmal beobachtete ich, wie eine junge Reiterin die Straße entlangritt, dabei auf ihrem Handy tippte. Das Pferd scheute im Ansatz wegen einer Frau mit einem Kinderwagen. Die Reiterin sah kaum auf, schimpfte, boxte

Achtsamkeit mag Zeit kosten, zahlt aber Unsummen auf das Vertrauenskonto ein.

kurz die Beine in den Pferdebauch und ritt in ihr Handy vertieft weiter. Puh ...

Das Pferd spürt, dass der Mensch, der auf ihm sitzt, nicht bei ihm ist. Der so wesentliche Wert der *Verbindung* ist nicht gegeben, erst recht nicht das Gefühl, beschützt zu sein.
Würde das Pferd beginnen, eigene Entscheidungen zu treffen, weil die Situation es in seinen Augen (aus Sicherheitsgründen) erfordert, wäre es dem Menschen auch nicht recht. Diesen unachtsamen Umgang mit einem Pferd leistet sich der Mensch im Übrigen meist nur bei „braven" Pferden. Meist sind es Gedanken in unserem Kopf, die uns ablenken, über Dinge, die wir jetzt in dem Moment nicht lösen können, die außer belastend also auch noch unnötig sind.

***Das* Gespräch, das für Achtsamkeit steht ist der „Einzelne Schritt".**

DAS GEHEIMNIS DES GLÜCKS

Einige Schüler fragen ihren Zen-Meister, warum er so zufrieden und glücklich ist:
Der Zen-Meister antwortet:
„Wenn ich stehe, dann stehe ich,
wenn ich gehe, dann gehe ich,
wenn ich sitze, dann sitze ich,
wenn ich esse, dann esse ich,
wenn ich liebe, dann liebe ich ..."

„Das tun wir auch", antworteten seine *Schüler, „aber was machst du darüber hinaus?"*, fragten sie erneut.

Der Meister erwiderte:
"Wenn ich stehe, dann stehe ich,
wenn ich gehe, dann gehe ich,
wenn ich ..."

Es würde einiges verändern für unsere Pferde, würden wir die Zeit, die wir mit ihnen verbringen, mit allen Sinnen wirklich mit ihnen verbringen.

»Jedes Pferd, das so großherzig ist, uns zu (er)tragen, hat es verdient, dass wir jeden Augenblick einhundert Prozent bei ihm sind.«

Kirsti

01

DER EINZELNE SCHRITT

Für mich war die Erkenntnis augenöffnend, dass alles, was ein Pferd tut, so auch jeder einzelne Schritt, eine Bedeutung hat.
Bei einem gemeinsamen *Einzelnen Schritt* mit dem Pferd ist es entscheidend, keine Lektion daraus zu machen. Es geht darum, sich einzufühlen und Verbindung zu schaffen. Ich sehe sehr oft, dass über ein Zögern beim Anführen eines Pferdes im wahrsten Sinne des Wortes „hinweggegangen" wird. Der Mensch geht einfach weiter, zieht fester, das Pferd schließt sich vielleicht doch an, aber es fehlt die Verbindung, es ist kein wahrer Gleichschritt. Sorge ich erst im Stehen für *Verbindung*, zum Beispiel durch das Streicheln des *Gurtbuttons*, starte dann das Angehen über *Backe-Hals-Schulter und Gurt*, all dies auf Grundlage der entsprechenden Körpersprache, und sehe dann achtsam hin, ob das Pferd bereit ist (und warte gegebenenfalls einen Atemzug), so ändert das oft viel zum Positiven für die anschließende gemeinsame Wegstrecke.
Möchtest du dieses Thema einmal gezielt aufgreifen, ist es meiner Erfahrung nach manchmal einfacher, das Pferd zuerst zu fragen, ob es ein Bein zurücknehmen kann, ein kleines *Therapeutisches Rückwärts* also. Daraus lädst du dieses Bein ein, nach vorn zu kommen. Hierfür ist Feingefühl gefragt. Meist braucht man viel weniger, als man

MEINE LEHRMEISTERIN SHARON

Pferde setzen einzelne Schritte ein, um über die Bedeutung von etwas oder eine Absicht zu kommunizieren. Der *Einzelne Schritt* kann helfen, zu spüren, dass es um eine Aussage geht. Du siehst nicht nur, dass ein Bein vor einem anderen steht, sondern lernst auch zu verstehen, ob der Fuß in eine bestimmte Richtung gehen möchte, Raum einnehmen oder freigeben oder ob es sich etwa um ein Angebot der Verbindung handelt.
Passiert es doch einmal, dass du losgegangen bist und das Pferd zögert, aktiviere mit einem Blick und einer schöpfenden Bewegung den Begrüßungsbutton wie eine „Extra-Einladung".

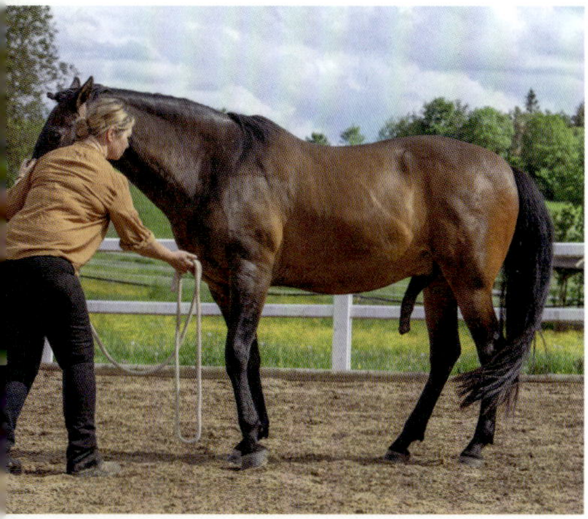

02

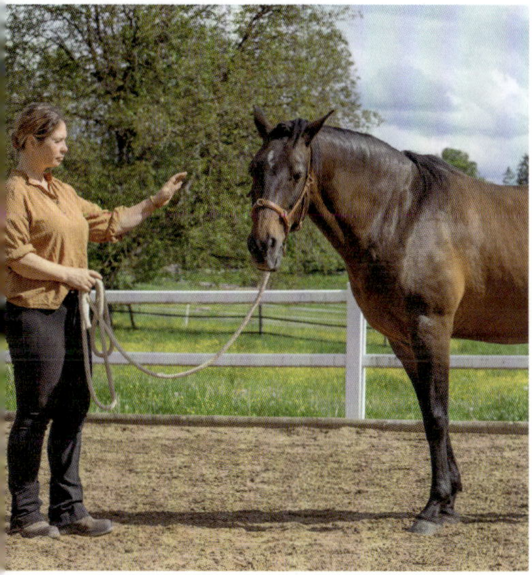

03

01 Meine Körpersprache veranlasst Brilli, mir in den Einzelnen Schritt zu folgen. Sein linkes Vorderbein folgt meiner Einladung.

02 Ein Therapeutisches Rückwärts bietet sich als gute Vorbereitung an.

03 Wechsel aus der tiefen O-Haltung in die X-Haltung zum Stoppen und Stehen

»Der perfekte Einzelne Schritt ist die Antwort auf viele Bodenarbeits- und Reitfragen bzw. Probleme!«

Sharon

denkt. Selbst wenn es kurz so aussieht, als ob nichts geschieht, lohnt es sich, einfach zu warten. Hilfreich ist es hier, das Gewünschte vorzumachen, das eigene Bein wieder vorzunehmen und evtl. auch, sich vorzustellen, dass man an einem imaginären, an dem Bein des Pferdes befestigten Faden zöge. Die Anfrage, einen Schritt mit dir zu kommen, kannst du prinzipiell starten durch eine *schöpfende Bewegung* oder durch *Backe-Hals-Schulter(-Gurt)*, dreimal *Gurt*, oder in der rückwärts geführten Position aus einer einladenden *O-Haltung*, vielleicht unterstützt durch ein *Den Schlüssel drehen, zu mir gehen*.
Ich finde, es lohnt sich, diesem ersten/einzelnen Schritt viel Bewusstsein zu schenken. Auch später beim Reiten wünschen wir uns, dass das Pferd genau zuhört und ein einzelnes Bein gezielt dirigieren und platzieren lässt.

Mir ist es wichtig, an diesem Punkt, bevor wir unsere Aufmerksamkeit nun dem „normalen" Führen schenken und dann den Bogen über die Bodenarbeit und das Longieren zum Reiten spannen, Hintergrundwissen um den Einzelnen Schritt einzuführen, denn damit beginnt jede Reise: mit einem ersten Schritt!

AM BODEN

— *willst du mit mir gehen?*

DAS FÜHREN

Eigentlich geht es in der Pferdeausbildung immer irgendwie um „Führung", von der Bodenarbeit über das Longieren zum Reiten. Führen hat neben der körperlichen immer auch eine mentale Komponente. Eine gemeinsame Wegstrecke (in einem Rhythmus) hat verbindenden Charakter.

Erinnerst du dich? Früher hat ein Junge ein Mädchen gefragt, ob es „mit ihm gehen möchte", wenn sie ihm gefiel. Akzeptiert hat sie nur, wenn sie gerne Zeit mit ihm verbringen wollte. Das „Miteinandergehen" steht hier für eine Beziehung. Nicht anders ist es bei Mensch und Pferd: Ein Pferd geht nur *gern* mit einem Menschen mit, dem es vertraut. Meine Lehrmeisterin Sharon fasste es einmal sehr einfach zusammen: „Die Welt ist gut – ich komme mit. Die Welt ist schlecht – ich komme nicht mit." Oft sind fehlender Schutz oder fehlende Verbindung Gründe, warum „die Welt gerade schlecht ist" und ein Pferd zögerlich wird.

Beim Führen von beiden Seiten beginnt außerdem die Geraderichtung. *Die* Voraussetzung, um ein Pferd bereits am Boden durch entsprechende Gymnastik geraderichten und longieren zu können, ist, dass es sich von beiden Seiten führen lässt.

Denke beim Führen daran, die *Hände auf dem Tisch* zu haben, so sind sie bereit zur Kommunikation. Unbewusst herunterhän-

Bestimme das Maß des Seils durch Hingleiten statt durch Greifen.

gende Arme sind ein wenig vergleichbar dem „Auflegen des Telefonhörers“: Es ist kein Gespräch mehr möglich.
Eine angenehme Art, den Strick aufzunehmen (entsprechend zum Zügel aufnehmen) ist das *Seilgleiten*. Deine Hand gleitet vom Seilende zu der Stelle, an der du den Strick halten möchtest, anstatt direkt, ohne Vorwarnung, dort hinzugreifen.

HANDHALTUNG AM STRICK

Bereits beim Führen lässt sich die *gute Banane* (siehe Geraderichtung), das gesunde, entspannte „Zur-Hand-Suchen“ durch die Haltung der Hand am Strick unterstützen: mit dem kleinen Finger zum Pferd und damit der Handfläche nach unten – *Palm down is calm down*!
Unser Gleichgewicht hängt sehr viel von unserer Hand ab. Babys brauchen sie, um zu sitzen und zu krabbeln. Es ist also intrinsisch: Drehen wir unsere Handflächen gen Boden, fühlen wir uns geerdet und im Gleichgewicht. Eine Faust dagegen ist natürlicherweise verbunden mit Kampf, wir werden mobiler, aber in gewisser Weise auch instabiler. Ich habe hier „tänzelnde“, wendige Boxer vor Augen.
Die übliche Handhaltung am Strick, mit dem Daumen zum Haken, führt tendenziell leichter zu einer Abwehrhaltung, einer *X-Haltung* mit hohem Hals und „Rücken weg“ – also eine *schlechte Banane* (mehr dazu beim schöpfenden Zügel, S. 152).

FÜHRPOSITIONEN

Es gibt eigentlich keine „falsche“ Führposition. Wichtig ist, dass man sich bewusst macht, warum man welche wählt bzw. warum das Pferd vielleicht eine andere vorschlägt.

„Hände auf den Tisch“ signalisieren Gesprächsbereitschaft.

- Viele Pferde sind froh, wenn jemand vorausgeht, der die Wächterposition einnimmt. Sie können entspannt hinterherlaufen. Einige wenige Pferde, einige Hengste zum Beispiel, möchte man aber nicht hinter sich haben. Sie können durchaus auch mal auf die Idee kommen, „von hinten die Führung zu übernehmen“.
- Seitlich auf Halshöhe ist der Bereich, den Pferde nutzen, um gegenseitige Raumansprüche klarzumachen. Gibt es da Unklarheiten, kann es zu „Rangeleien“ führen, auch mit dem führenden Menschen.
- Weiter hinten, auf Höhe der Gurtlage, ist der Bereich, an dem sich Pferde verbinden. Das ist oft eine entspannte Position für den Menschen und eine natürliche Anordnung für Pferde, wenn sich die Beine auf derselben Höhe befinden.
- Von hinten zu führen, ist für Pferde eine natürliche Sache. Ein Pferd mit „Beschützerqualitäten“ setzt ein anderes Pferd mithilfe des *Hüftbuttons* in Bewegung. Diese Geste sagt zwei Dinge aus: „Ich bewege dich“ und „Ich würde dich auch gegen Angreifer von hinten beschützen.“

Entspannt, weil sicher: Der Mensch geht außen, voraus und ist achtsam.

DIE BEDEUTUNG UNSERER SCHRITTE

Pferde unter sich kommunizieren viel über die Beine. Entweder passen sie sich dem Tempo und der Richtung der Beine eines anderen Pferdes an, um bei diesem zu bleiben, oder eben auch nicht. Es ist also sinnvoll, wenn wir mittels unserer Beine über Tempo, Richtung und Qualität bewusst kommunizieren, und dies nicht erst in dem Augenblick, in dem wir dem Pferd den Spanischen Schritt beibringen wollen.

Das Anhalten ist ein gutes Beispiel. Bereits bei der Vorbereitung auf das Anhalten hilft es, die Aufmerksamkeit des Pferdes zusätzlich zur Vorbereitung durch die Stimme und dem Kippen des Beckens auf die langsamer werdenden Schritte zu lenken. Das geht ganz einfach, indem man sie etwas lauter und bewusster setzt.

Als Mensch mit den Beinen zu kommunizieren kann auch hilfreich sein, um einem Pferd beim Longieren zu suggerieren, dass es nicht (im Trab) schneller werden soll, sondern angaloppieren, also den Takt wechseln.

Eindeutig kommunizieren mit Händen und Beinen. Toni schließt das Gespräch (Angehen) mit dem Schweif ab.

DIE HÄUFIGSTEN SCHWIERIGKEITEN

DAS PFERD LÄSST SICH ZURÜCKFALLEN

Lass dich nicht dazu verführen, zu ziehen. Aktiviere den *Gurt- oder Spring-auf- oder Hüftbutton* oder die gesamte Reihe, je nachdem, was am besten „ankommt“. Gegebenenfalls kannst du auch mal wedeln oder das Pferd antippen, kombiniert mit einer motivierende Stimmhilfe. Dennoch hilft einigen Pferde ein vorwärtsweisender Impuls über den *Nasenrückenbutton,* gemeinsam mit der Punktekombination *Backe-Hals-Schulter(-Gurt)* sehr. Bei Toni war das beispielsweise deutlich spürbar. Für ihn war dieser Hinweis entscheidend, um

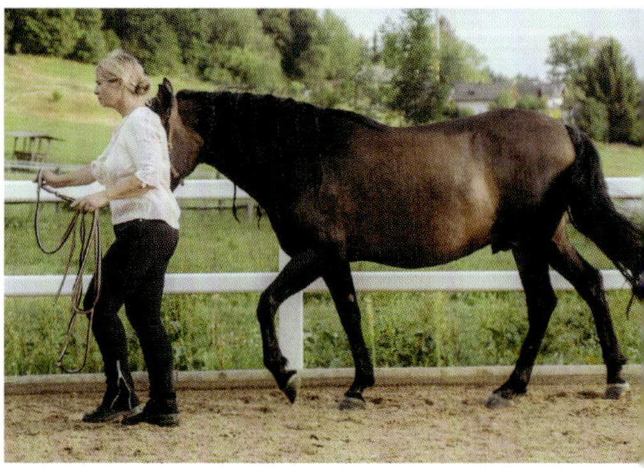

Gesehen werden durch rückwärts führen

das Anführen bzw. die treibende Hilfe von hinten zu verstehen. Vorsicht, dass du nicht vor das Pferd kommst, das bremst wieder.

DAS PFERD WILL AUF DIE ANDERE SEITE

Manchmal schlagen Pferde vor, dass der Mensch außen gehen könne, da das Innere der Bahn der sicherste Platz ist. Gestehe dies deinem Pferd zu! Du wirst in seinem Ansehen steigen, zu einem mutigen, schützenden Anführer. Wenn das Pferd aber mal außen gehen „muss", hilft dir der *Backenbutton*, evtl. die Reihe *Backe-Hals-Schulter,* um das Pferd außen zu halten: Je nachdem, wie viel Intensität nötig ist, behältst du den *Backenbutton* immer etwas im Blick oder zielst mit deinen Fingerspitzen drauf. Ich benutze hierfür gerne Zeige- und Mittelfinger.

»Pferde kommunizieren viel über die Beine.«

Sharon

Wichtig ist, den Blick geradeaus zu richten. Versuche dein Pferd, auch wenn es das schönste der Welt ist, nicht dauernd anzusehen. Der Blick wirkt anziehend. Checke auch deine Körperhaltung, erhöhe gegebenenfalls das X aus deinem Körper.

DAS PFERD ÜBERHOLT

Überprüfe in diesem Fall dein Energielevel, bist du vielleicht der Auslöser? Oft hilft es, den Strick einfach länger zu lassen, gerne begleitet von einer *Halte-Hand.* Ziehen am kurzen Strick führt oft zu Gegenzug. D i e Übung, die sich hier außerdem anbietet, ist das *Therapeutische Rückwärts:* kurz ein wenig runterkommen, dann entspannter weiter. Einen Versuch wert ist auch, beim Führen den *Mittelhalsbutton* anzutippen, er ist in gewisser Weise ein „Unterbrechungsbutton". Oder den *Folge-mir-Button* mit der Bitte, „in ein langsameres Tempo zu folgen". Sprich außerdem deinen Wunsch aus: „Langsamer, bitte."

DAS PFERD WILL FRESSEN

Um ein Pferd vom Gras wegzubekommen, ohne Zug auf den Kopf und das empfindliche Genick auszuüben, ist das dreimalige kurze Antippen am *Gurtbutton* hilfreich. Die meisten Pferde kommen fast reflexartig mit.

ANFÜHREN, FÜHREN, DURCHPARIEREN

Um ein Pferd anzuführen, gibt es viele Hilfen, aus denen du die für das Pferd passenden individuell zusammensetzen kannst.
Ich liste sie hier auf:

- Blick nach vorn,
- Gewicht nach vorn verlagern,
- eine einladende, schöpfende Handbewegung am Seil (Handhaltung: kleiner Finger zeigt zum Haken),
- mit der indirekten Hand zusätzlich in die Richtung zeigen, in die es gehen soll,

Den Schlüssel drehen, zu mir gehen – ich lade in meinen Raum ein.

- Aktivierung der Punktekombination *Backe-Hals-Schulter* bzw. die ganze Reihe *Gurt-, Spring-auf-, Hüftbutton,*
- eine freundlich auffordernde Stimmhilfe
- und *Den Schlüssel drehen, zu mir gehen.*

DEN SCHLÜSSEL DREHEN, ZU MIR GEHEN

Den Schlüssel drehen, zu mir gehen (Turn the key, come to me) spielt in diesem Buch eine Nebenrolle, da es meiner Meinung nach seinen Platz mehr in der (ganz) freien Kommunikation hat, also beim Von-der-Koppel-Holen oder in der Freiarbeit. Es kann aber auch beim normalen Führen eine Unterstützung sein.

Laura ist d i e Königin, nicht nur der Zahnfleischmassage, sondern auch des *Den Schlüssel drehen, zu mir gehen.* Kaum ein Pferd kann sich ihrer Einladung entziehen. Denn darum geht es: Ein Pferd durch eine einladende Armbewegung in deinen Raum zu bitten. Die Geste entspricht in etwa dem Abziehen eines Autoschlüssels aus dem Schloss. Es ist eine rotierende Bewegung aus dem ganzen Arm. Alle vorderen und mittleren Buttons bieten sich hierfür an. Du schaffst eine Verbindung von deinem ausgewählten Button zu dir, in Richtung deines Bauchnabels. Zusätzlich verstärkst du dies durch eine mehr oder weniger tiefe *O-Haltung,* Rückwärtsgehen und – am wichtigsten – ein freundliches Lächeln und eine liebevolle Einstellung.

Übrigens: Nicht nur hier bezüglich des Führens, auch beim Anreiten ist es interessant, sich bewusst zu machen, dass Pferde natürlicherweise meist auf zwei Arten angehen. Entweder es gibt Grund zu flüchten, dann reißen sie ihren Kopf für den Start hoch und stabilisieren sich über den Unterhals (Rücken weg) – oder, in entspannten Situationen, atmen sie oft durch und senken dann den Kopf etwas, bevor sie angehen (*gute Banane*). Ein gewisser Entspannungsgrad ist dem Antreten also zuträglich.

WÄHREND DES FÜHRENS

Während des Führens kannst du deinem Pferd deine (direkte) Hand anbieten, dies schafft *Klarheit* und *Verbindung* und du bleibst so präsent und in Kommunikation. Deine leicht geschlossene Hand bleibt einfach beim Gehen vor dem Pferdemaul. Einige Pferde nehmen dieses Angebot gerne an, andere brauchen es nicht. Ähnlich wirkt

die *Halte-Hand* Richtung *Backenbutton* beim Führen, auch sie kann für *Verbindung*, *Sicherheit* und *Klarheit* sorgen.
Sehr ängstliche Pferde (oder besondere Situationen) benötigen eventuell das Gefühl, die *Mitte eines Sandwiches* zu sein, also von vorne geführt, von hinten beschützt. Dafür änderst du deine Führposition, als wolltest du longieren. So kann eine Hand von hinten *Schutz* geben.
Pferde, die dazu tendieren, ihre Linie beim Führen nicht einzuhalten, die immer etwas auf dir drauf „kleben", kannst du durch das Zeigen deiner Fingerspitze(n) auf den Backenbutton bitten, in ihrem Tanzbereich zu bleiben.

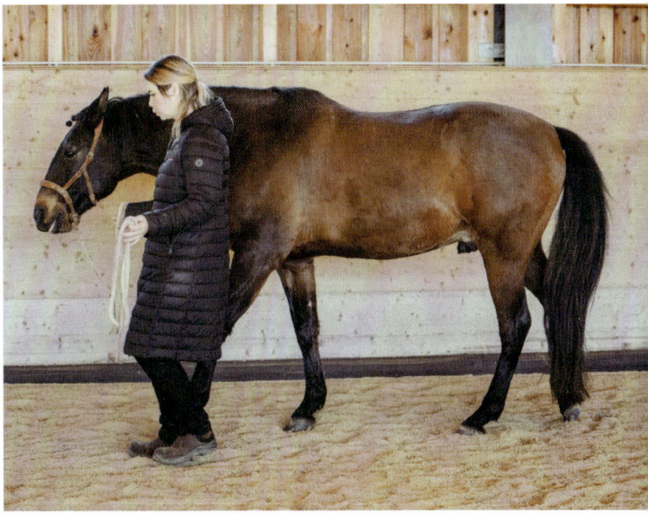

Durchparieren mit der schöpfenden Hand erzeugt eine gute Balance und Klarheit.

DURCHPARIEREN MITHILFE DER SCHÖPFENDEN HAND

Oft fällt den Menschen ein, sie wollen halten. Dann bleiben sie im selben Moment stehen und erwarten, dass das Pferd das auch tut. Ist das Pferd sehr auf den Menschen konzentriert, geht die Rechnung auf, manchmal aber auch nicht. Das kann verschiedene Gründe haben.
Man darf nicht vergessen, dass ein Pferd ein ziemlich langer Körper auf vier Beinen ist. So eine Aufforderung muss vom Gehirn erst einmal im ganzen Körper ankommen und dann umgesetzt werden. Warne deshalb dein Pferd vor, wie beim Reiten auch. Auch am Boden hat die halbe Parade eine Berechtigung. Um vorzuwarnen benutze eine Stimmhilfe, ich nehme gerne „UND" und schließlich „HALT".
Es könnte nun logisch erscheinen, die Handflächen zum Halten zum Boden zu drehen, dies führt aber eher zu einem Halten in Etappen und tendenziell auf der Vorhand. Die *schöpfende Hand,* also die Handfläche geöffnet nach oben zu drehen, lässt den Menschen in einer setzenden Qualität halten, und damit auch das Pferd. Es erzeugt eine gute Balance und gleichzeitig viel Klarheit (siehe auch *schöpfender Zügel geritten*, S. 152).
Vermeide es, zum Halten am Strick zu ziehen, wenn du merkst, dein Pferd bleibt nicht da stehen, wo du es möchtest! Das führt natürlicherweise dazu, dass dein Pferd die Balance verliert und sich zu dir reindrehen muss.
Lass den Strick lang genug, dein Pferd möchte dir möglicherweise etwas durch die Wahl seiner Position zu dir sagen. Es geht um Kommunikation. Bewegt es sich ein paar Schritte weiter, um nicht in deiner Blase stehen zu bleiben, oder positioniert

FREUNDLICH VORWARNEN

Selbst Navigationssysteme warnen dich dreimal vor, bis du tatsächlich abbiegen musst. Deutlich vorher bittet die freundliche Dame: „Machen SIe sich bereit zum Abbiegen", dann heißt es noch einmal: „In dreihundert Metern rechts abbiegen" und schließlich: „Jetzt rechts abbiegen." Durch diesen vielen „halben Paraden" hast du die Chance, die Abfahrt zu treffen.

es sich mit dem *Hüftbutton* neben dir mit der Bitte um *Schutz*, oder richtet es seinen *Gurtbutton* neben deinem aus, ist das eine positive Aussage: Es sieht euch zwei als Team. Möchtest du, dass dein Pferd beim Halten an deinem Gurt bleibt, kannst du das durch vermehrte Beschäftigung mit dem *Gurtbutton* („halten", streicheln und massieren) anregen.

SPAZIERENGEHEN

Gemeinsam Zeit verbringen in Form von „Spazierengehen" wird in meinen Augen unterschätzt. Zum einen gibt es kaum etwas Verbindenderes, als gemeinsam die Welt zu erkunden. Eine solche gemeinsame Zeit würde für einige „Problempferde" mehr ändern, als es ein schärferes Gebiss tut. Andererseits gehen Pferdebesitzer oft „leichtfertig" mit ihren Pferden spazieren. Es lohnt es sich, die Situation des Spazierengehens bewusst zu betrachten: Du nimmst das Pferd aus seiner Herde, das heißt aus seinem geschützten Umfeld. Nun bist du seine Herde und musst alle Funktionen übernehmen, vorrangig den *Schutz*, das ist bei einem Ausflug (in fremde Umgebung) ein Vollzeitjob!
Sharon erklärt, dass jeder Wechsel in der Umgebung als Übergang gesehen werden muss, für dessen Bewältigung ein Pferd Hilfe brauchen könnte. Geh also nicht einfach drauflos, kalkuliere je nach Ausbildungsstand des Pferdes, Jahreszeit, Wetter und Bodenbeschaffenheit (rutschig, vereist?), je nach Wochentag (viele oder wenige Radler von hinten?) und letztlich natürlich abhängig von eurer Beziehung.
Gerade mit einem neuen Pferd, vielleicht auch noch einem jungen, wird oft empfohlen erst, einmal spazierenzugehen. Aber Vorsicht: Eine neue Umgebung ist für ein Pferd schon eine Herausforderung, dann auch noch gemeinsam mit einem neuen Menschen, dessen Führungs- und Schutzqualitäten es nicht kennt. Der Mensch ist zudem genauso aufgeregt wie das Pferd, kennt evtl. die örtlichen Gegebenheiten selbst nicht – das sind keine optimalen Voraussetzungen für ein positives Erlebnis. Nimm dir Zeit für Führübungen in geschütztem Raum und schaffe so das Vertrauen, das ein entspanntes Spazierengehen möglich macht.
Ganz wichtig ist es, für (die ersten) Spaziergänge viel Zeit einzuplanen. Wähle lieber eine sehr kurze Strecke und mache das in Ruhe! Es sollte um das Pferd gehen und nicht darum, im Laufschritt dein eigenes Fitnesspensum zu erfüllen.

„Die Welt ist gut, ich komme gerne mit dir mit."

Ich benutze gern eine (etwas gekürzte) Longe zum Spazierengehen, das hat einige Vorteile: Du hast etwas mehr Zeit (weil mehr Leine), wenn das Pferd trotz aller Vorbereitung kurz „abschießt", eventuell kannst du es auf einen Kreis umlenken. Ein ständig kurzer Strick unterbindet zudem das Schwingen des Halses und bringt das Pferd so „aus der Balance". Ein freundschaftliches „An-der-langen-Leine-laufen-Lassen" ist nicht möglich, genauso wie das Vorausschicken an engen Stellen. Und auch für uns ist es mitunter sehr stressig, mit einem (jungen) Pferd immer mithalten zu müssen. An der Longe kann man es zum Beispiel bergauf auch mal vorgehen lassen.
Nutze Pylonen oder andere Sicherheitsobjekte, um zunächst in sehr kurzen, sicheren Phasen den Hof zu verlassen. Handschuhe zu tragen ist eine wirklich gute Empfehlung!

Die weitere Pferdeausbildung geschieht viel auf Kreisen und Halbkreisen (Zirkel, Volten, Ecken der Reitbahn). Ein Grund, dieser einzigartigen Linie etwas Aufmerksamkeit zu schenken.

GEDANKEN ZUM KREIS

Ein Kreis ist rund und unendlich, er steht für Harmonie. Ganz wesentlich für einen Kreis ist das Zentrum, davon ist alles abhängig. Beim Longieren ist der Mensch das Zentrum: ohne stabile Mitte kein runder Kreis.
Anders als bisher meist gelehrt wird, gehört das Laufen auf einem Kreis für ein Pferd in gewisser Weise zu seinen natürlichen Mustern. Dennoch würden Pferde im Normalfall kaum mehrmals auf einem gleichbleibenden Kreis joggen und schon gar nicht in Innenstellung. Muss sich ein Pferd auf einem Kreis bewegen, dann möchte es in Außenstellung bleiben, um die Umgebung im Blick zu haben beziehungsweise um seine

Auf dem Kreis im Gleichgewicht. Der Gurtbutton ist der Biegepunkt.

verletzliche Flanke zu schützen. Das führt zu einer gewissen Schräglage. Besonders, wenn der Mensch das Pferd in eine höhere Gangart schickt, heißt das für das junge Pferd ohne Vertrauen: Es gibt Grund, zu flüchten. Die Hufe fußen in dieser Haltung nicht plan auf und auch Sehnen und Gelenke werden ungleich belastet.

MOTORRAD ODER ZUG?

Das Bewegen auf einem Kreis, körperlich wie mental in Balance, muss ein Pferd also lernen, dazu gehören auch Ecken (also Viertelvolten). Pferde benötigen eine gewisse „Kurventechnik", um das bei ihrer Länge und Größe und mit ihren vier Beinen koordiniert zu bekommen. Es funktioniert nur, wenn alles zusammenspielt: das Genick nachgibt, das innere Hinterbein zum Schwerpunkt tritt und so Biegung erzeugt und die Last trägt, die Hinterhand somit in der Spur bleibt und der Rücken sich hebt. Nur dann entsteht und bleibt Biegung mit angehobener innerer Schulter, statt drauf zu kippen. Ein plakativer Vergleich ist immer wieder der von Motorrad und Zug. Ein Motorrad hat nur die Möglichkeit, sich in die Kurve zu legen. Ein Zug mit mehreren Waggons, also auch mehreren Gelenken, die „Stellung

Geraderichtung hat auch mit Vertrauen bzw. Sicherheit zu tun. Das Pferd möchte das Außen im Blick behalten.

Die Konzentration ist im Inneren, die äußere Körperseite dehnt sich vertrauensvoll auf.

> *»Die Bodenarbeit ist die beste Möglichkeit, um gemeinsam ein gutes Gefühl für Balance zu entwickeln.«*
>
> *Kirsti*

und Biegung" ermöglichen, kann „aufrecht" um die Kurve fahren, die Außenseite wird länger, die Innenseite kürzer. Ein Pferd besteht zwar nicht aus mehreren Waggons, hat aber dank vieler Gelenke die Möglichkeit, sich einer Biegung anzupassen, ohne zu kippen, siehe oben. Und je „länger" und entspannter (vorwärts-abwärts) es (zumindest anfangs) dabei ist, um so einfacher wird es sein, Biegungen lotrecht und spurtreu und damit gesundheitserhaltend zu bewältigen.

EI ODER KREIS?

Manchmal liegt es auch gar nicht an der fehlenden Balance des Pferdes, dass viele Zirkel Ecken bekommen, kleiner oder größer werden oder mehr einem Ei ähneln. Der Mensch tut sich schwer, eine Linie zu halten, reagiert bestenfalls, dann ist es aber eigentlich schon zu spät. Das Halten der Linie ist aber eng verbunden mit dem Takt, der Losgelassenheit und auch der Anlehnung, ganz besonders bei Gangpferden. Und möchtest du einmal Seitengänge auf dem Zirkel reiten, so ist eine fixe Zirkellinie d i e Grundlage, denn ich brauche eine Linie, von der aus ich starte und zu der ich nach Beendigung der Lektion wieder zurückkomme. Auch der Mensch muss den Kreis „in sich haben" und den Willen, diesen unbedingt zu halten. Bei Unsicherheiten ist es hilfreich, einen Zirkel einmal zu Fuß abzugehen.

Aus vielerlei Gründen möchte ich dir die Verwendung eines Kappzaums sehr ans Herz legen.

DER KAPPZAUM

Nur die Führung eines gut sitzenden Kappzaumes, das Bodenarbeitsseil oder die Longe im mittleren Ring auf dem Nasenrücken verschnallt, macht korrekte Stellung und

Biegung in der Bodenarbeit, also auch beim Führen auf Distanz und Longieren möglich. Die exakte Führung über den *Nasenrückenbutton* entspannt, weil sie deutlich mehr Klarheit hinzufügt als ein (Knoten)Halfter mit der Verschnallung am Kinn, also am rückwärtigen Teil des Kopfes. Vorwärtsweisend ist der Nasenrücken, nicht das Kinn. Stallhalfter und Knotenhalfter rutschen zudem am Kopf herum, Letztere schneiden ein, aber vor allem ist korrekte Stellung unmöglich: Visualisiere, du würdest am Halfter longiert. Was passiert, wenn jemand an der Longe zieht? Durch die Befestigung unterhalb des Kopfes kippt dein Kopf schief in die andere Richtung, es entsteht das „verworfene Genick".

Longieren mit Trense hat aus Pferdesicht nur Nachteile. Schon jedes Schlackern einer achtlos geführten Longe und erst recht jedes Abweichen von der Linie (ganz besonders bei Jungpferden) kommt (schmerzhaft) in dem so sehr empfindlichen Maul an. Weder einseitiges Einschnallen der Longe noch die Führung mittels einer „Longierbrille" ermöglicht Stellung (und Biegung).

Nicht ohne Grund nimmt die Bodenarbeit einen erheblichen Teil dieses Buches ein.

MEINE LEHRMEISTERIN SHARON

Sharon sagt: „Ich bin der Meinung, dass hochintensives Training, so wie es in der Dressur oder Vielseitigkeit oder beim Springen oder im Distanz- und Westernsport üblich ist, nur das Endergebnis einer freundlichen, offenen Bodenarbeit sein sollte, die in Mensch und Pferd tiefes Vertrauen verankert hat."

Unsere Aufgabe ist es, die Größe des Kappzaums richtig zu bestimmen.

☞ VON AUSSEN NACH INNEN – KÖRPERLICH UND MENTAL

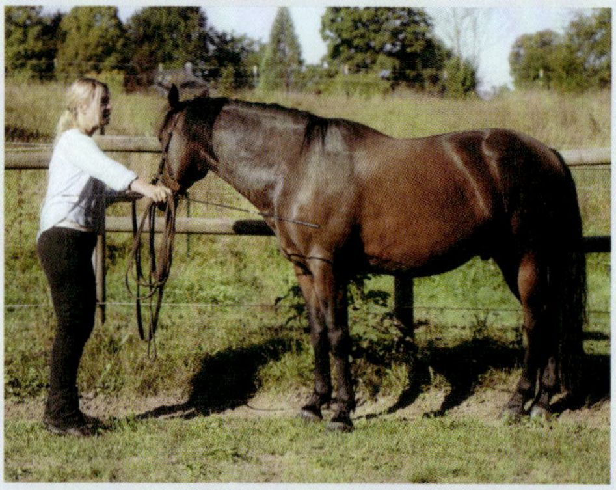

01

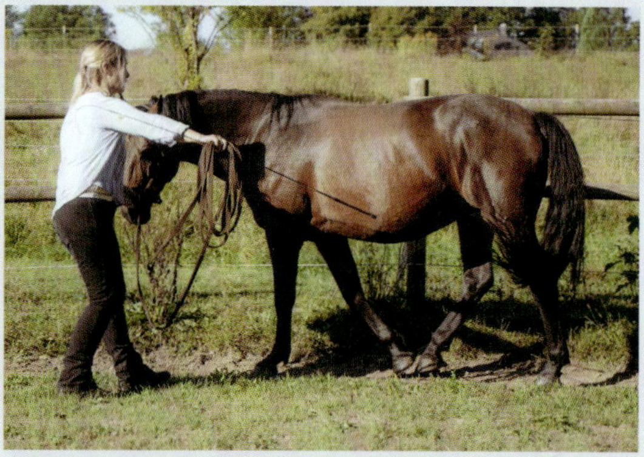

02

03

04

05

01 Die Ausgangssituation: Blick und somit Vorhand nach außen

02 Schritt 1: Führen in Stellung erarbeiten wir rückwärts geführt.

03 Schritt 2: Führen in Stellung vorwärts geführt (Dancers Arms)

04 Schritt 3: Stellung und Biegung auf Distanz

05 Schritt 4: Umsetzung in kurzen Phasen im Sattel

DIE ARME DES TÄNZERS

Ganz gleich, ob auf der Geraden oder in der Biegung und auch unabhängig vom Abstand, also ob es sich um Führen auf Distanz, Handarbeit, Longieren oder achtsame Freiarbeit handelt: Für all dies sind die *Arme des Tänzers* eine perfekte Basis. Es geht um den Gedanken, sich gemeinsam im Gleichgewicht zu bewegen.

In der Grundposition ist deine führende Hand direkt mit dem Nasenrücken verbunden (der Daumen legt sich *nicht* um die Nase) oder indirekt (mit Halfter oder Kappzaum) in Verbindung mit dem *Nasenrückenbutton*. Der *Gurtbutton* bietet sich als „Basis" für die hintere Hand an, von der aus du variieren kannst. Über die beiden *Gurtbuttons,* den des Pferdes und deinen, kannst du dich mit dem Pferd verbinden.

Deine Füße bewegen sich mit den Beinen der Vor- oder Hinterhand, gerne im Rhythmus des Pferdes.

Richte deine Körpermitte zum Angehen nach vorne (*Öffne die Tür*). Es geht zunächst darum, sich gegenseitig nicht zu stören und so gemeinsam in Balance zu kommen und sich kennenzulernen. Irgendwann kann man die Verbindung zum *Nasenrückenbutton* nutzen, um nach etwas Stellung zu fragen. Die Fingerspitzen der anderen Hand übernehmen die Funktion des treibenden/biegenden Schenkels am *Gurtbutton.* Ein Antippen reicht oft. Das sanfte Anlegen des Handrückens ist auch eine schöne Option. Relativ viele Pferde finden diese Haltung „komisch", du bist nicht eindeutig nach vorne gedreht, sie werden zögerlich. Richte deinen Blick unbedingt nach vorne und gib dich zunächst mit einem Schritt zufrieden.

Die Idee hinter den *Armen des Tänzers* ist tatsächlich die eines gemeinsamen Tanzes: ein wenig vorwärts, seitwärts, rückwärts, keine große Strecke zurücklegen, keine sportliche Angelegenheit, sondern vielmehr eine Einheit werden. Das ist eine feine Vorbereitung auf die Handarbeit und auch auf das *Führen auf Distanz* beziehungsweise Longieren, weil es die neue Führposition auf eine sanfte Art einführt.

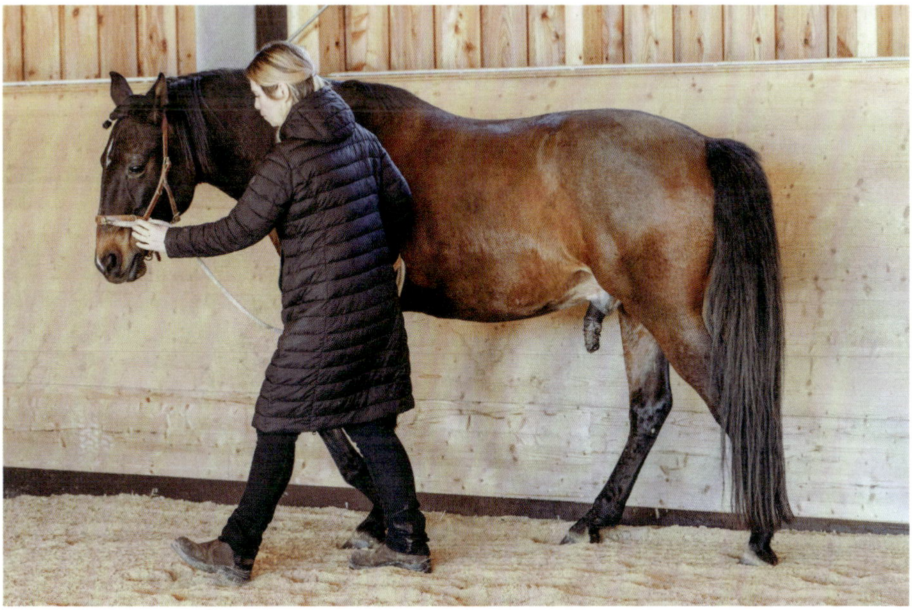

Die Arme des Tänzers: Gib dich mit wenigen Schritten zufrieden.

FÜHREN AUF DISTANZ

Beim Führen auf Distanz bewegen sich Pferd und Reiter schattengleich in Schritt, Trab oder Galopp auf der Geraden und der Biegung mit etwas größerem Abstand als beim „normalen" Führen. In der Grundposition läuft das Pferd auf dem ersten Hufschlag, der Mensch etwa auf dem dritten, den Variationen sind keine Grenzen gesetzt.

»Könnt ihr euch in den Armen des Tänzers fortbewegen, ist es nur ein logischer nächster Schritt, die Distanz zu vergrößern.«

Sharon

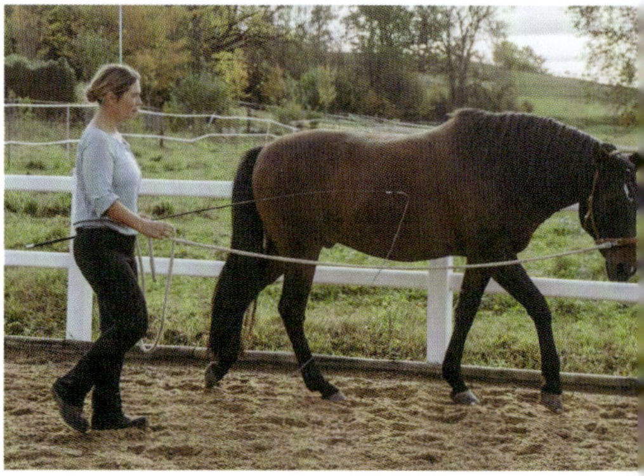

01

Führen auf Distanz kommt vielleicht auf den ersten Blick etwas „unscheinbar" daher. Sein Nutzen bereits rein handwerklich ist aber enorm. Mit ein wenig Einblick in die Philosophie des Horse Speak erschließen sich weitere mentalen Zusammenhänge.

— Schon die Haltung an sich stellt das perfekte *Sandwich* dar: vorn geführt und hinten geschützt. Eine angenehme Situation für ein Fluchttier.

— Das Einhalten der Blase bringt *Klarheit* mit sich und wirkt sich so auch positiv auf das Gefühl der *Sicherheit* aus. Andererseits ist noch ausreichend Nähe vorhanden, sich nicht verloren zu fühlen. So lässt sich entspannt über vieles reden.

— Es ist eine erste Möglichkeit, sich über gemeinsame Übergänge in die nächsthöhere Gangart abzustimmen, ohne das Zero zu verlieren.

02

— Es lassen sich wunderbar Informationen sammeln, auch über fremde Pferde bezüglich Schiefe, des mentalen Zustands, der Persönlichkeit oder auch ihrer Werte.
— Umgekehrt bietet das gemeinsame Gehen auf Distanz auch dem Pferd die Möglichkeit, den Menschen an seiner Seite kennenzulernen. Um etwas in seiner Gesamtheit zu erfassen, ist es meist besser, eher einen Schritt zurückzutreten.
— Das *Führen auf Distanz* bietet unzählige Möglichkeiten zur abwechslungsreichen geraderichtenden Gymnastizierung ohne Reitergewicht.
— Und natürlich gibt es keine bessere Vorbereitung auf das Longieren für ein Jungpferd.
— In der Anreitphase ist es perfekt, um bereits bekannte Hilfen aus der Bodenarbeit in den Sattel zu übertragen.
— Es stellt auch eine fantastische *Verbindungsphase* dar vor dem Aufsitzen. Hier bietet es sich an, den Gleichschritt miteinfließen zu lassen.
— Gelingt es mir nicht, ausreichend „Draht" zu einem Pferd zu bekommen, um es auf Distanz führen zu können, ist es unsinnig, sich drauf zu setzen. Diese fehlende Verbindung wird unweigerlich immer mit Kraft ausglichen.

IN DER PRAXIS

Rahme dein Pferd zwischen Führseil und Longier- oder Fahrpeitsche ein, das entspricht einer Form der *Arme des Tänzers* bzw. einem *Sandwich*. Prinzipiell bewahrt die Gerte eine gedachte „Anlehnung", entweder zum *Gurtbutton* oder auch zum *Hüftbutton*, ist aber bereit, mit allen Buttons zu kommunizieren. Versuche, die Gerte nicht unkontrolliert zu bewegen. Mit der Longierpeitsche in den Boden zu hauen, um Energie zu erzeugen, hat eine sehr negative Wirkung. Sehr viel angenehmer und motivierender ist eine Aufwärtsbewegung mit der Vorstellung, „Sternenstaub aufzuwirbeln".

03

01 Geradeaus im Führen auf Distanz

02 Das Einleiten einer Wendung

03 Die neue Richtung klar bestimmen

Immer wieder gibt es Pferde, die Stress mit der langen Peitsche anzeigen. Je nachdem beginnst du ganz ohne oder mit einer Gerte. Auch eine Pfauenfeder kann eine Option sein. Wie du sicher nachvollziehen kannst, ist ein unstetes, mal schlabberndes, mal ziehendes Seil für ein Pferd unangenehm und dem Entstehen von Takt, Losgelassenheit und Anlehnung nicht förderlich. Die Leine ruhig zu halten, ist eine elementare Aufgabe des Longenführers.
Du befindest dich in der Position der *Arme des Tänzers*. Es ist wichtig, viel nach vorne auf die geplante Linie zu sehen. Das dient nicht nur der Linienführung, sondern auch dem Vertrauen in dich.

RAUM GEWINNEN

Bei den einen ist die Distanz völlig unkompliziert zu erreichen, wenn du durch die Vorstellung „breiter Schultern“ deinerseits, somit einem dezenten X aus deinem Körper, genügend Seil gibst.
Andere Pferde muss man durch das Zeigen des Gertenknaufs oder der Fingerspitzen auf den *Backenbutton* und/oder den *Hals- oder Schulterbutton* davon überzeugen, dass sie dort bleiben sollen, wo sie sind. Nützt auch dies nicht, erzeuge mehr X aus deinem ganzen Körper, hebe dafür dein Brustbein an, wenn nötig Arme hoch, stampfe auch ruhig mal auf. Dies ist eine körpersprachliche Ansage bezüglich des Raumes, die Pferde auch benutzen.

BIEGUNG

Um eine Volte einzuleiten, lass dich etwas zurückfallen, ohne stehen zu bleiben, dein Blick in die Biegung zeichnet die Volte vor, der vordere Arm „weist“ die Richtung. Das ist eine öffnende Bewegung aus der Achselhöhle, „Daumen (oder Zeigefinger) raus“.
Das innere Hinterbein kannst du auch mittels des *Setz-dich-Buttons* aktivieren. Die Gerte oder die Fingerspitzen sind auf den *Gurtpunkt*, den Biegepunkt, gerichtet.

DIE HÄUFIGSTEN SCHWIERIGKEITEN

DAS PFERD LÄSST SICH NICHT WEGSCHICKEN

Die erste Überlegung in diesem Fall sollte immer sein: „Habe ich genug getan, um dem Pferd den Schutz zu vermitteln, den es braucht, um hinaus (auf den ersten Hufschlag) zu gehen?“ Ist der Sicherheitsfaktor abgeklärt, dann entscheidet die Energie, weniger die Technik über das Gelingen.
Gut ist ein Winkel etwas schräg hinter der Schulter des Pferdes, gerne auch mit dem Gedanken, zu einem „Beschützerpferd“ zu werden, also zu einer relativ ranghohen Persönlichkeit, die andere von hinten bewegen kann, gleichzeitig aber auch schützen würde. Wichtig ist, den Pferdekopf in die Richtung zu positionieren, in die das Pferd gehen soll. Hier leistet der *Backenbutton* hervorragende Dienste, gleichzeitig treibst du in einer dem Pferd angepassten Intensität etwas nach. Denke daran, im selben Moment genügend Longe zu geben.
Manchmal scheitert es auch an der Ausrichtung: Viele Menschen drehen sich bzw. gehen rückwärts, in der Absicht, so Raum zwischen sich zu bringen. Dieses „Zurückziehen“ wirkt aber für das Pferd wie eine Einladung, auf den Menschen zuzukommen. Für ein gutes Gelingen musst du auf das Pferd z u denken, das Brustbein anheben und deinen Bauchnabel auf den *Gurtbutton* drehen, also eine gewisse Portion X in den eigenen Körper bringen. Vervollständige gerne die Linie *Backenbutton-Halsbutton-Schulterbutton* aus den *Armen des Tänzers* zum *Gurt-*, *Spring-auf-* und *Hüftbutton*.

Ich sende das Pferd mittels der Punkte-Kombination Backe-Hals-Schulter aus dem Zirkel.

DAS PFERD ÜBERHOLT

Je nach Persönlichkeit oder Tagesverfassung lohnt es sich, deine Energie, die Ausrichtung deines Bauchnabels und auch den Abstand zu überprüfen. Ein wenig mehr Distanz, eine leichte Körperdrehung nach vorne am Pferd vorbei wie auch sich gedanklich/energetisch etwas zurückzunehmen, kann viel Unterschied machen.
Ein Versuch wert ist es immer, den *Mittelhalsbutton* als „Unterbrechungsbutton" mittels deiner Fingerspitzen anzusteuern, oder auch den *Folge-mir-Button* mit der Bitte, in ein langsameres Tempo zu folgen.
Zielführend ist auch, nochmals auf der Volte zu beginnen und aus der Volte raus darauf zu achten, dass man rechtzeitig mit Blick geradeaus nach vorne marschiert.
Nicht sinnvoll ist, das Pferd etliche (ungewollte) Volten ziehen zu lassen. Übe lieber nochmals, das Pferd in dem Moment, in dem es von der Volte auf den Hufschlag zurückkommt, durch ein „Schließen" aus dem Körper zu stoppen. Manchmal helfen auch abrupte Richtungswechsel.

DAS PFERD FÄLLT AUF DIE SCHULTER ODER KOMMT NACH INNEN

Grund dafür kann fehlender Schutz oder mangelnde körperliche Balance sein (Thema Lateralität). Im ersten Fall kann eine glaubhafte Botschaft zum *Hüftbutton* reichen, vielleicht musst du aber auch abbrechen, zurück auf „Start" und alle Sicherheits- und Schutzmaßnahmen verstärken. Oder – auf der körperlichen Seite – eine Phase des Führens in Stellung einschieben.
Du kannst auch versuchen, auf diese Distanz zu stellen und das Pferd so gezielt von der inneren Schulter wegholen. Zu diesem Zweck denkst du an „verkleinern", richtest die Gertenspitze zum *Gurtbutton* und gemeinsam mit einem Schritt näher zur Hinterhand des Pferdes schließt du die Hand mit lockerem Handgelenk (Piano-Finger).

DAS PFERD DREHT UM ODER STOPPT

Dies passiert meist in dem Moment, in dem das Pferd aus der Volte zurück auf den Hufschlag kommt. Mach dir bewusst, dass es auf einer Biegung den längeren Weg hat. Wir müssen uns ein wenig zurückfallen lassen und den Weg freigeben, das heißt deine Fußspitzen müssen tendenziell in einer gedachten Linie zur Hinterhand des Pferdes zielen, nicht vor das Pferd. Richte deinen Blick nach vorne auf den Weg. Das richtet dich korrekt aus und zeigt deinem Pferd, dass du einen Plan hast.

LONGIEREN: KOMMUNIZIEREN ODER ZENTRIFUGIEREN?

Sieht man genau hin, zeigen Pferde beim Longieren oder in der Round-Pen-Arbeit nicht selten (begründeten) Stress. Es lohnt sich, dies zu ändern, es sogar zu einer Übung zu machen, die die Bindung stärkt – indem wir zeigen, dass wir Interesse haben an unserem Pferd und seinen Themen.

Sharon sagt: „Für die Tierschutzpferde, mit denen ich jahrelang gearbeitet habe, war eine schlechte und unsachgemäße Technik beim Longieren oder bei der Round-Pen-Arbeit ein Hauptärgernis. Ich meine damit nicht, dass diese Methoden nicht angewendet werden sollten, denn sie können in der Pferdeausbildung eine wertvolle Hilfe sein. Ich meine, dass Gefühl, Timing, Achtsamkeit, Selbstwahrnehmung und Empfindsamkeit im Hinblick auf die Erfahrungen, die das Pferd macht, weiterentwickelt werden müssen."

Ich schicke Toni weg. Er macht es.

SICHERHEIT UND SCHUTZ

Die anscheinende Widersetzlichkeit, die viele Pferde zeigen, wenn sie auf die äußerste Zirkellinie gehen sollen, ist im Fehlen von *Schutz* und *Sicherheit* begründet. Der äußere Bereich eines Schachbrettes ist zunächst immer der gefährlichere. Deshalb nimmt das stärkere Pferd das Außen ein und checkt die Umgebung, während das schwächere in der Mitte abwartet (*Umgekehrter Round-Pen*). Erst wenn das geschehen ist, begibt sich das mutigere Pferd auch in die Mitte, um hier andere Aufgaben wie etwa eine Lehrtätigkeit zu übernehmen.

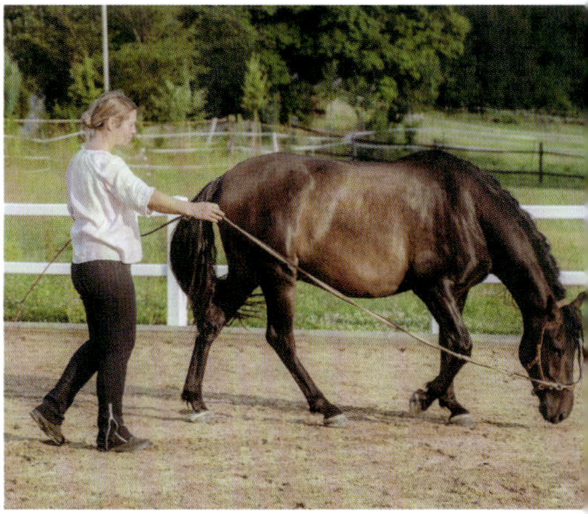

Lieber würde er bei mir (Verbindung) in der Mitte (Sicherheit) bleiben. Das zeigt seine Körpersprache (Upsie).

Es verändert für dein Pferd sehr viel, wenn du dir bezüglich des Longierens dieses Vorgehen von den Pferden abschaust.
Wie immer ist die Vorbereitung entscheidend. Es geht darum, zuerst auf alle (heute) vorhandenen Themen des Pferdes mit sich und der Umgebung einzugehen *(Probleme lösen)*. Erst dann ist das Pferd in der Lage, gleichmäßig um dich herumzulaufen und seine Buttons zur Kommunikation anzubieten. Stressige Situationen kannst du meist etwas abfangen, indem du mit der vorderen Hand ein deutliches *Palm down is calm down* anzeigst, während die hintere Hand zum *Hüftbutton* zielt, um Schutz zu geben.

Funi bittet durch das Geh-weg-Gesicht, es entspannt zu halten.

GEH-WEG-GESICHT

Bei jeglicher Arbeit auf dem Platz sieht man in kurzen Pausen oft *Geh-weg-Gesichter*. Die Pferde schauen, vorausgesetzt, sie werden nicht von zu kurzen Zügeln daran gehindert, sofort nach außen. Das ist in dieser Situation eine Geste, die bedeutet: „Mich stresst das hier, ich möchte damit nichts zu tun haben und möchte hier weg."
In der Bodenarbeit oder beim Longieren kann das mit der Ausrichtung deines Köpers zum Pferd zu tun haben und generell immer damit, dass alles zu viel ist, Pausen fehlen oder das Pferd etwas nicht verstanden hat, unsicher und verletzlich ist. Eine unterstützende Hand am *Spring-auf-Button* kann helfen, auch eine Schutzgeste zum *Hüftbutton*. Eine *Pause* und *Raum geben* ist immer gut. Letztlich geht es natürlich darum, die Ursache für den Stress zu finden und zu beseitigen.

GEH-WEG-GANZES-PFERD

Ich habe häufig wahrgenommen, dass Pferde, die prinzipiell relativ gut gymnastiziert sind, beim Longieren dennoch Außen-

MEINE LEHRMEISTER, DIE PFERDE

Für das Herdentier Pferd ist es prinzipiell stressbehaftet, weggeschickt zu werden, die *Verbindung* und damit auch die *Sicherheit* leidet. So sieht man im Anfangsmoment des „Rausschickens" oft sehr deutliche Reaktionen auf diese Anfrage. Toni beispielsweise wurde anfangs richtig sauer, wenn ich ihn über den Backenbutton bat, auf Distanz zu gehen. Er zeigte dies mittels einer sehr hohen Haltung, angelegten Ohren und „gefletschten Zähnen".
Mani, ein Isländer mit einem „normalen" Lebenslauf, zeigte bei der Einführung dieser Lektion seinen Stress durch ein blitzartiges Tiefnehmen des Hals und Kopfes (also ein „Upsie"), um zu sagen: „Ich bin verwirrt, das musste ich noch nie, ich bin doch ein ganz Netter, bitte nimm Druck raus."
Famosa tendiert in dieser Situation zum Beispiel zu einem Geh-weg-Gesicht. Sie zeigte so, dass sie Stress damit hat und lieber dicht neben mir stehen bleiben würde, dass sie es aber im Gegensatz zu Toni akzeptieren würde. Alle drei Pferde zeigten ihre Anspannung auf unterschiedliche Art und Weise. Das sind übrigens Hinweise auf das „Vokabular" eines Pferdes: Famosa zeigt sehr selten ein Upsie, daher würde auch ich bei ihr immer eher das Geh-weg-Gesicht als das Upsie wählen, um ihr Stress zu nehmen.

O-Haltung als Antwort auf die Bitte Nicks, Druck rauszunehmen (Upsie).

Wir sind wieder in Verbindung.

»Pferd und Mensch verbinden sich über ihre Gurtbuttons. Alle Konzentration liegt dann im Inneren.«

Kirsti

stellung beibehalten, sich „nicht biegen lassen". Und hier ist schon die Wortwahl aufschlussreich: Neben der körperlichen Fähigkeit geht es zu einem hohen Prozentsatz darum, dass Pferde uns mental in die Biegung folgen. Das tun sie nicht, wenn sie sich nicht genug von der Außenwelt geschützt fühlen und wenn sie Stress haben mit der Intensität des X in unserem Körper, besonders in Kombination mit der Longierpeitsche. Das alles sagt *Geh-weg-Gesich*t und eigentlich auch *Geh-weg-ganzes-Pferd*. Das erschwert das „Einstellen auf die Linie" ungemein, denn wir wollen ja die Vorhand vor die Hinterhand setzen. Wir müssen genug O im Körper haben, das Pferd einzuladen, zu uns zu schauen – aber gleichzeitig genug X, damit es dennoch die Linie hält. Die Gerte in aller Ruhe und konstant an den *Gurtbutton,* dem Verbindungs- und Biegepunkt, auszurichten, ist hier eine gute Wahl.

VORBEREITUNG AUF DAS LONGIEREN

DIE INNERE EINSTELLUNG

Für mich ist es allen voran die Einstellung hinter dem „herkömmlichen Longieren" und dem, was sich Pferde wünschen, was den Unterschied macht. Longieren an sich steht sicherlich nicht ganz oben auf der Wunschliste eines Pferdes, Ausreiten bringt mehr Spaß. Dennoch erzeugt die Idee des Longierens als eine gemeinsame Aktivität eine andere Atmosphäre, als das Pferd herumzuscheuchen und müde zu machen.

VOM BEKANNTEN ZUM NEUEN

Mit der entsprechenden Vorbereitung können die ersten Longiereinheiten eine entspannte Sache sein. Wir beginnen eher mit einem „Führen auf Distanz" mit viel Distanz (von beiden Seiten). Das longenunerfahrene Pferd hat noch sehr viele Fragen dazu, was der Mensch eigentlich möchte. Bewegt der Mensch sich mit, versteht das Pferd schnell. Pferde lernen sehr gut durch Abschauen.

Allmählich vergrößert man den Abstand, bewegt sich selbst weniger mit, beschreibt nur noch einen kleinen (gleichbleibenden) Kreis. Körperdrehung und Energie aus dem

Nick folgt mir ins Innere, Biegung entsteht.

Arm bzw. die Longierpeitsche animieren das Pferd, weiterzulaufen. Es ist zunächst wichtig, selbst zu einem verlässlichen Mittelpunkt für das Pferd zu werden, damit das Pferd die Aufgabe verstehen kann. Eine Linie konsequent einzuhalten, gibt *Klarheit* und *Sicherheit* und entspannt. Später kann man beginnen, mit allen Komponenten zu spielen.

DAS PFERD GIBT DAS TEMPO VOR

Im Trab muss die Zirkelgröße evtl. auf die Fähigkeiten des Pferdes angepasst werden. Das kann bedeuten, einem unausbalancierten, untrainierten Pferd mehr Longe zu geben und auch fehlende Biegung zu akzeptieren. Es mag nicht so „schick“ aussehen wie ein ausgebundenes Pferd, aber nur so siehst du, wie weit es wirklich ist. Takt und Losgelassenheit geben vor, ob und wie viel du den Anspruch erhöhen und den Zirkel auch im Trab verkleinern und mehr Stellung, Biegung abfragen kannst, zunächst immer in kurzen Phasen.

GYMNASTIZIERUNG UND VERTRAUEN

Mit der Zeit und fortgeschrittener Gymnastizierung wird es immer wieder zu Momenten der Biegung und des „Zur-Hand-Suchens“ kommen, die dann nach und nach ausgebaut werden. Dies hat einen mentalen Aspekt des Vertrauens in den Ausbilder bzw. die Umgebung inne. Du bietest dem Pferd eine führende und evtl. situativ eine schützende Hand (zum *Hüftbutton*), das Pferd nimmt sie an. Sehr sinnvoll, vor allem anfangs, ist der Wechsel zwischen gymnastizierender Bodenarbeit und Longieren innerhalb einer Einheit. Besonders im Anfangsstadium des Longierens passiert nicht viel Positives, wenn ich eintönig longiere – außer, dass das Pferd mich dafür hasst und es auch noch auf die Gelenke geht, solange das Pferd noch nicht geradegerichtet ist.

MEINE LEHRMEISTER, DIE PFERDE

Toni war ein großartiger Lehrer in Bezug auf „ökonomische Pferde“: Ein gewisser Anteil seiner „Faulheit“ war seinen körperlichen Themen zuzuschreiben, ein Teil seiner Persönlichkeit. Aus Horse Speak-Sicht befand er sich in einem Erstarrungszustand. Zu Beginn ließ er sich kaum in Gang setzen und blieb sofort wieder stehen, wenn man ihm nicht mit der Longierpeitsche Druck machte. Sein Gesicht dabei sprach Bände – ein ungewöhnlicher Zustand für ein fünfjähriges Pferd und eine schwierige Situation, denn aus gesundheitlichen Gründen war Bewegung angezeigt. Letztlich veranlasste ihn der Verbindungsaufbau, seinen Schutz aufzugeben, mit mir zusammenzuarbeiten und mir auch gerne in höhere Gangarten zu folgen. Sharon hat dies trefflich in einem Satz zusammengefasst: Das Geheimnis, um ein erstarrtes Pferd zu öffnen, ist nicht, es mit hoher Intensität zu versuchen, sondern mit ihm über Mikro-Bewegungen in eine low-calorie-Kommunikation zu gelangen, die das Pferd unterstützt. Die Gedanken, die Sharon so einem Pferd vermittelt, sind: „Ich bin tief beeindruckt, wie ruhig und entspannt und weich du bist. Ich würde so gerne deinen Trab sehen, magst du mir ein paar Schritte zeigen?“

01

02

03

DIE PRAXIS

Longieren wird meist benutzt, um ein Pferd „abreagieren zu lassen“ oder es „kurz zu bewegen.“ Es kann aber so viel mehr sein, ein unvergleichlich wertvolles Instrument zur Lösung, Geraderichtung und zum Kraftaufbau. Ein Pferd an der Longe, ohne Ausbinder, verrät seinen Ausbildungsstand völlig ungeschönt! Erst wenn ein Pferd auf beiden Händen in Dehnungshaltung taktmäßig auf einer Linie dahintraben kann, ist genug Balance vorhanden, es zu reiten.

LONGIEREN IST KÖRPERSPRACHE

Sprich die Kombination *Backe-Hals-Schulter* aus einer *Arme des Tänzers*-Position an, um das Longieren auf pferdige Art zu starten. Die vordere Hand zeigt die Laufrichtung an, die hintere rahmt ein und fragt nach Vorwärtsbewegung (*Spring-auf-Button, Gurtbutton oder Hüftbutton*). In dem Augenblick, in dem das Pferd rausgehen soll, muss die Longe bereits lang genug sein! Das Pferd spürt, wenn das nicht gegeben ist.
Ein unterschätztes Thema ist auch der Blick. Viele Menschen schauen dauernd zu ihrem Pferd. Benutze den Blick, um Energie auf den *Backenbutton* zu schicken, und blicke in die Richtung, in die dein Pferd gehen soll. Den Blick während des Longierens tendenziell nach vorne zu richten, unterstützt nebenbei auch die Verbindung der beiden *Gurtbuttons*. Die Idee der *Arme des Tänzers* trägt ihr Übriges dazu bei, dem Pferd beim Longieren ein geführtes und geschütztes Gefühl zu geben. Die vordere Hand führt sozusagen den *Nasenrückenbutton* über die Longe, die Gertenspitze hält Anlehnung zum *Gurtbutton,* vor allem, um gemeinsam

01 Höchstmögliches X in Pferd und Mensch

02 Noch im X, aber etwas „runtergekommen“

03 O-Haltung, wieder entspannt und verbunden

die Biegung und das Vorwärts zu erhalten. Mittels des *Hüftbuttons* kannst du anregen, unter deinem Schutz etwas mehr Aktivität zu zeigen, der *Setz dich-Button* ist der richtige Ansprechpartner, wenn es um das Treten zum Schwerpunkt gehen soll.
Achte beim Longieren prinzipiell sehr auf dein X und O, um Linie und Tempo zu halten, zu erhöhen und auch um durchzuparieren und einzuladen. Dann brauchst du den Strick immer weniger.

DAS DURCHPARIEREN

Ich setze beim Durchparieren gerne auf das Spiegelvermögen der Pferde. Gleichzeitig mit einer Stimmhilfe mache ich vor, was ich mir wünsche: Ich atme aus, gehe selbst „in die Hanken", das Steißbein sinkt. Sharons *Hocken zum Halten* beschreibt es gut. Das ist die eine Möglichkeit, Energie aus deiner Körpermitte zu verringern.
Oder du änderst deine Körperausrichtung. Mit einem Schritt und einer Körperdrehung schneidest du dem Pferd gedacht den Weg ab, hebst die vordere Hand. Dies alles wird begleitet durch ein hörbares Ausatmen.

DER HANDWECHSEL

Eine gute Möglichkeit zu wenden ist Halten, Hingehen, das Pferd in die neue Richtung wenden. Checke hierfür kurz ein und führe dein Pferd mit der vorderen Hand in die Wendung. Mit einer Geste der hinteren Hand kannst du es von hinten nach vorne zum *Gurt- oder Schulterbutton* „einsammeln" und nahtlos verbunden mit einem *Den Schlüssel drehen, zu mir gehen* und einer einladenden *O-Haltung* bitten, dir zu folgen. Um die Richtung zu wechseln, lass in deinem Körper wieder ein X entstehen und dirigiere das Pferd mittels des Zeigens auf den *Backenbutton* und deinen Blick zurück auf den Hufschlag. Der zweite Arm beziehungsweise die Hand schafft nochmals mehr Klarheit.
Nutze für das Wenden in der Bewegung durch den Zirkel die gleiche Körpersprache. Bewege dich vorab etwas mehr auf Kopfhöhe, kürze die Longe, Longe und Longierpeitsche wechseln die Hand (entweder dezent vor dem Körper oder in einem schicken Schwung über den Kopf) und weise dem Pferd den Weg in die neue Richtung.

Anhalten beim Longieren durch Körpersprache. Ich aktiviere meinen Setz-dich-Button und den des Pferdes.

Aktiv von hinten nach vorne, über den Rücken an die Hand suchend

DAS VORWÄRTS-ABWÄRTS

Die Krümmung der Banane wird oft benutzt, um die natürliche Schiefe eines Pferdes verständlich zu machen. Sharon zieht die Banane heran, um den Zusammenhang „relative Aufrichtung versus absolute Aufrichtung" auf einfache Weise zu erklären.

Die *gute Banane* versinnbildlicht ein Pferd in einer entspannten und tragfähigen Körperhaltung, einer *O-Haltung*. Den Gegenpart dazu stellt die *schlechte Banane* dar, also das Pferd in einer *X-Haltung*, geprägt durch einen hohen Kopf mit einhergehendem durchsackendem Rücken (verkürzte Oberlinie). Die beiden Begriffe der guten und schlechten Banane beschreiben zunächst einmal Momentaufnahmen. Ein negativ bemuskeltes Pferd kann eine positive Haltung einnehmen, genauso wie ein korrekt ausgebildetes Pferd in Stressmomenten eine deutliche *X-Haltung* zeigen kann.

Bei einem Pferd in deutlicher X-Haltung, also mit einem hohen, verspannten *Folge-mir-Button*, ist davon auszugehen, dass es mit seinen Gedanken und Gefühlen irgendwo ist – bei der Herde oder Einflüssen aus der Umwelt. Sinkt das Genick, ist das ganze Pferd wieder „da", ansprechbar, bereit mir zu folgen, entspannt und lernfähig.
Eine Körperhaltung ist also nicht nur eine Körperhaltung, sondern eine Aussage.
Und auch eine von uns auferlegte Haltung macht etwas mit dem Pferd, nicht „nur" mit seinem Körper, auch mit seiner Psyche.

»Die Haltung eines Pferdes spiegelt seine Gedanken und Gefühle und ist ein Kommunikationsmittel.«

Sharon

DER AUSBILDUNGSWEG

Es liegt in unserer Verantwortung, sorgfältig über den Ausbildungsweg zu entscheiden. Schlage ich den Weg der „relativen Aufrichtung" ein, also immer entsprechend der Kraft und dem Ausbildungsstand von „unten nach oben und hinten nach vorne"? Oder den der „absoluten Aufrichtung", also von Anfang an über die Hand aufgerichtet? Der Vergleich der guten und der schlechten Banane lässt sich also auch für den langfristigen Weg heranziehen. Steinbrecht spricht über die Anhänger der absoluten Aufrichtung als „Anhänger der künstlichen Form, das Pferd wird ungeachtet seiner Kraft in die äußere Form eines fertig ausgebildeten Pferdes gepresst." Kommunikation über die Haltung, freie Bewegung und Entspannung wird dem Pferd untersagt, Reiten wird zu einem statischen Zustand. „Das Ziel ist der Weg" und nicht „der Weg ist das Ziel". Nicht nur die bewusste Entscheidung für die Philosophie der absoluten Aufrichtung, etwa weil es schick ist, schnell geht und einfach scheint, auch Angst vor Kontrollverlust kann ein Grund sein dafür, dass Pferde immer „kurzgehalten" werden. Extreme jeglicher Art lohnt es sich immer kritisch zu betrachten. Das gilt natürlich genauso für die Prämisse „Kopf und Hals prinzipiell tief". Sharon sagt: „Einem Pferd beizubringen, den Kopf ausschließlich unten zu halten, bringt es womöglich in einen zombieähnlichen Zustand. Die Aufrichtung und das Beugen des Genicks als Teil der Versammlung dagegen bedeutet: 'Ich bin großartig und bereit' oder ‚Wir müssen kämpfen, wir sind in Gefahr, wir verteidigen uns.'" Muss sich ein Pferd konstant aufrichten, ohne den Kopf jemals nach unten dehnen und die Intensität verringern zu dürfen, kann es überfordert sein und bleiben.

Brilli hat sich kurz rausgehoben, das „Über den Rücken" ist verloren.

Zurück zur guten Banane: nicht durch das Kürzen der Zügel, sondern durch weicherwerden.

ANSPANNUNG – ENTSPANNUNG

Viele Pferde verbringen ihr Leben als Reitpferd in einer Einheitshaltung. Anspannung braucht aber Entspannung und umgekehrt. Das gilt sowohl mental als auch körperlich. Die Veränderung entspricht dem natürlichen, gesunden Leben. „Richtige Bewegung beginnt mit Loslassen"[14], nicht mit Festhalten. Das Vorwärts-abwärts ist in meinen Augen nicht vergleichbar mit einer „Dehnübung", wie wir es aus der Gymnastik kennen. Es geht darum, dem Pferd zu „erlauben", sich gänzlich loszulassen, den Kopf und die Seele baumeln zu lassen und so alle Bewegungsmöglichkeiten auszuschöpfen. Das soll auch nicht zum Dauerzustand werden. Oberst Podhajsky, der langjährige Leiter der Spanischen Hofreitschule in Wien, wusste um die Bedeutung des Vorwärts-abwärts: „Als es mir endlich gelang, ‚Pluto Austria' in die Tiefe zu reiten, ihn durch kurze Zügelanzüge bei energischem Vorwärtstreiben dazu zu bringen, den Zügel mit tiefgestelltem Kopf und langem Hals anzunehmen, wölbte sich sein Rücken richtig und die Hinterbeine konnten unter den Körper treten. Damit gelang mir auch die korrekte Versammlung!"[15]
Das Zitat lässt den Schluss zu, dass Zeit ein Faktor war, bis das Pferd Verbindung suchte – es ging also auch um Vertrauen.
Ausschließlich der Weg „von unten nach oben, und von hinten nach vorne" führt zu einer Versammlung, die diesen Namen verdient: Aus einem reellen Vorwärts-abwärts mit langem Hals, geöffnetem Genickwinkel, nach oben schwingendem Rücken und aktiv nach vorn fußender Hinterhand entsteht ein gesunder Bogen, eine gute Banane, die mit steigender Kraft aus der Waagerechten

»Wende deinen Blick auch immer zu den Augen, dem Kiefer, der Ganasche. Unwohlsein spiegelt sich hier.«

Sharon

KOPF TIEF IST NICHT GLEICH KOPF TIEF

Es ist wichtig, ein echtes, entspanntes Vorwärts-abwärts von allem unterscheiden zu können, was auf den ersten Blick ähnlich aussieht.
Da wäre einmal das Pferd, das mit Kraft heruntergezogen oder eingerollt wurde. Das ist kein korrektes Vorwärts-abwärts, die Nase (Nasenrückenbutton) dieser Pferde ist nicht vor der Senkrechten, damit ist das Nackenrückenband überdehnt. Es ist kein Untertreten möglich.
Dann gibt es die Pferde, die auf den ersten Blick alles brav über sich ergehen lassen, die aber aufgrund schlechter Erfahrungen mit dem Menschen und dem Reiten in einer Art Dauer-Shutdown leben. Sie haben sich aufgegeben, das spiegelt sich in ihrer geduckten Haltung und im Gesicht.
Und dann sind da auch noch die Pferde, die (nur) situativ richtig Stress haben, mit der Situation des Longierens beispielsweise, und dezent und damit oft übersehen darauf hinweisen, indem sie Runde um Runde mit der Nase im Sand laufen. Sie sind aber nicht viel weniger im Stress als die Pferde, die beim Longieren (und auch beim Reiten) mit hohem Kopf in Außenstellung um den Platz rasen, sondern gehen anders damit um. Durch diese „Dauer-Upsies" bitten sie darum, Druck herauszunehmen. Das ist kein entspanntes Vorwärts-abwärts.

[14] Peter Scholten, Werbelüge starker Rücken, Seite 113
[15] Alois Podhajsky, Meine Lehrmeister die Pferde S. 63

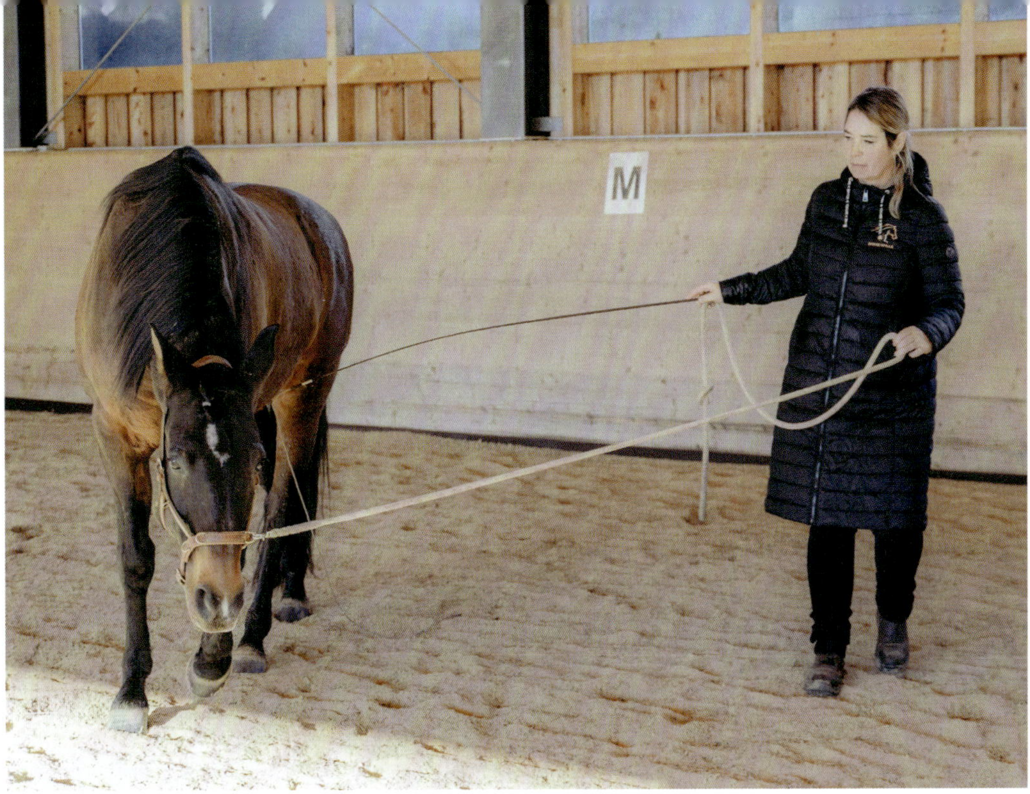

Brilli sucht in Biegung an der Longe zur Hand.

immer ein klein wenig mehr aufgerichtet werden kann. Der Hals bleibt unverkürzt, der Rücken ist „da", die Hinterhand bleibt „drunter", die Gelenke beugen und tragen immer mehr.
Pferde, die wissen, sie dürfen sich auch in einer Trainingseinheit immer wieder lang machen und frei bewegen, lassen sich gern für angemessene Phasen aufrichten beziehungsweise versammeln – auch auf einfache Trense gezäumt.

DAS KORREKTE VORWÄRTS-ABWÄRTS

Es ist unmöglich, ein Pferd in ein korrektes Vorwärts-abwärts zu zwingen, denn es spiegelt körperliches und geistiges Wohlbefinden beziehungsweise Gleichgewicht. In der freien Natur senkt ein Pferd Hals und Kopf zum Fressen nur, solange es sich sicher genug fühlt. Prinzipiell bewegt es sich sechzehn Stunden am Tag mit dem Kopf am Boden und frisst. Diese angenehme, entspannte, natürliche Haltung gibt es bei Gefahr kurz auf, wechselt in eine höhere Gangart und hohe X-Haltung. Die Situation, im Vorwärts-abwärts ein wenig über die Wiese zu traben, ergibt sich für ein Pferd sonst nicht. Dennoch ist das Pferd ein Spiegel seiner Erfahrungen wie auch der aktuellen Situation. Läuft alles gut, fühlt es sich insgesamt wohl in seinem Zuhause, sicher und geborgen bei seinen Menschen, bekommt es außerdem ein gutes körperliches Selbst-bewusst-sein. Reiten ist also nicht gleichbedeutend mit Stress. So wird es jedem Pferd eine Freude sein, mit seinem Menschen in sicherer Umgebung ein paar Runden in einer entspannten O-Haltung zu ziehen, vertrauensvoll die Hand suchend.
Es geht beim Vorwärts-abwärts nicht um aktive Dehnung, es geht um das Loslassen von Spannungen – mental und körperlich. In dieser Haltung ist kein auffallender Knick im Körper der Pferde, der die Verbindung von hinten und vorne trennt. In der

Gute Banane (relative Aufrichtung) versus schlechte Banane (absolute Aufrichtung). Welchen Weg würde sich dein Pferd wohl wünschen?

relativen Aufrichtung bleibt immer eine leichte O-Haltung erhalten, alle Buttons sind in einer sanften Linie. Diese gute Banane richtet sich nur mit der Zeit, steigender Kraft und Hankenbeugung immer mehr auf.

DIE KÖRPERLICHE SEITE

Für mich ist es jedes Mal ein „Feiertag", wenn ein Jungpferd beginnt, an der Longe zur Hand zu suchen. Das ist körperlich wie auch mental eine positive Rückmeldung. Der Unterschied zu „vorher" ist so eklatant! Man sieht die verbesserte Balance, der Takt wird gleichmäßiger, aber auch fließender, das festgehaltene Genick (*Folge-mir-Button*) wie auch festgehaltene Flanken lösen sich (*Verletzlichkeitsbutton*), das Gesicht entspannt sich, die Hinterhand tritt besser nach vorne *(Setz-dich-Buttons)*, das ganze Pferd schwingt.

Die Phase des „Vorwärts-abwärts" zu überspringen und einfach in absoluter Aufrichtung „langsam" zu reiten, hat nichts mit Versammlung zu tun! Das „Über den Rücken zur Hand-Suchen" fehlt dann immer. Sharon sagt hierzu: „Konzentriert sich eine Trainingseinheit auf Versammlung, sollte man zuerst eine tiefe Dehnungshaltung erlauben. Das bedeutet: ‚Ich möchte, dass du dich entspannt und ausbalanciert fühlst, während ich dich reite. Lass Sorgen und Spannungen los, ich bin zufrieden mit dir.'"

»Konzentriert sich eine Trainingseinheit auf Versammlung, sollte man zuerst eine tiefe Dehnungshaltung erlauben.«

Sharon

In einem korrekten Vorwärts-abwärts passiert Folgendes:

— Der erste Schritt zu einem gesunden Tragen beginnt mit „Hals tief" – eigentlich eine völlig natürliche Haltung für ein Pferd. Ganz so einfach ist es aber nicht, körperliche Probleme wie auch Stress jeglicher Art hindern es womöglich daran.

— Mit dem Senken des Kopfes, der Nase vor der Senkrechten, spannt sich das Nacken-Rücken-Band, es zieht die ersten Dornfortsätze, die eigentlich nach hinten gerichtet sind, nach vorne.

— Durch aktives Untertreten der Hinterbeine werden die hinteren Dornfortsätze aufgerichtet, der Rücken wölbt sich, ähnlich einer stabilen Brückenkonstruktion, die gute Banane entsteht.

Häufig zu sehen ist leider der umgekehrte Fall, die Banane, die nach unten durchhängt: Ein Pferd, welches sich im Rücken festhält, ist quasi im Hohlkreuz. Das Iliosakralgelenk schließt sich, das Pferd kann die Hinterbeine nicht unter den Körper bringen, sie treten hinten hinaus. Dies führt langfristig zu Schmerzen. Diesen versucht das Pferd entweder durch Erstarren oder Flüchten zu entkommen. Bei Letzterem nimmt der Reiter die Zügel womöglich immer kürzer, um zu „bremsen", oder greift zu einem schärferen Gebiss, was die Situation für das Pferd noch schlimmer macht. Ein Teufelskreis beginnt.

Die äußere Körperseite auf dem Kreis vertrauensvoll aufdehnen

WIE ERREICHE ICH EIN KORREKTES VORWÄRTS-ABWÄRTS?

Für ein korrektes Vorwärts-abwärts sind verschiedene Faktoren wichtig.

— **Sicherheit**

Sich völlig loslassen kann ein Pferd nur, wenn es sicher ist, dass der Mensch immer fair und freundlich ist und darüber hinaus für seine *Sicherheit* bezüglich der Umgebung sorgt. Es muss dem Menschen und der Umgebung vertrauen.

— **Linie und Tempo halten**

Das Einhalten einer Linie und eines Tempos hat etwas extrem Beruhigendes. Das Pferd kann sich darauf einstellen und damit entspannen. Das nährt gleich zwei Werte, die *Sicherheit* und die *Klarheit!*

— **Der Sitz**

Lasse es gedanklich und aus deinem Sitz zu, dass das Pferd sich loslässt. Voraussetzung dafür ist eine klitzekleine Tendenz zur *O-Haltung* in deinem Körper, die es erlaubt, seine Schwingungen in dich aufzunehmen. Denke mit deinen Händen zum Pferdemaul und öffne Finger und Ellbogen schnell genug.

Anlehnung ist keine Frage der Kopfhöhe, sondern des Vertrauens.

— **Vorwärts-abwärts durch Geraderichtung, Stellung und Biegung**

Geraderichtung gehört prinzipiell zu den wichtigsten Voraussetzungen für das Vorwärts-abwärts. Der lösende, geraderichtende Effekt wird immer wieder besonders deutlich auf der Zwangsseite auf dem Zirkel. Gelingt es hier, durch Stellung und Biegung von der vermehrt belasteten Schulter „Last" zu nehmen, kann das Pferd sich aus der Halsbasis fallen lassen. Als einen zweiten Effekt korrekter Stellung, die sich als Biegung bis in das jeweilige Hinterbein fortsetzt, wird es für das Pferd anstrengender, denn es muss vermehrt tragen. Um die Last abzumildern, streckt es sich nun gern nach vorne-unten. Das „Zirkel verkleinern" ist oft eine hilfreiche Übung.

Es ist wichtig, dass Pferde wirklich mal alles loslassen dürfen, auch die kurzen Nackenstrecker, die Muskeln hinter den Ohren. Jedes Pferd sollte fähig sein, ohne das sogenannte „fünfte Bein", also die Reiterhand, im Gleichgewicht zu bleiben. Je tiefer das Pferd mit der Nase kommt, desto aktiver muss die Hinterhand werden, damit das Pferd nicht „auf die Nase fällt".

WEGE IN DIE ENTSPANNUNG

Wenn du Horse Speak verinnerlichst und im Alltag „lebst", wird dein Pferd dir immer mehr in das Vertrauen folgen. Diese Verbindung wird sichtbar in einer meist entspannten Haltung, einem generell eher niedrigeren und lockeren *Folge-mir-Button* – außer natürlich in kurzen aufregenden Momenten. Aber prinzipiell wird das Pferd im Zusammensein Hals und Kopf in einer Haltung tragen, in der ihr sinnvoll zusammen „arbeiten" könnt. Dennoch ist es hilfreich, ein paar Wege im Kopf zu haben, um kurzfristig für Entspannung sorgen zu können.

01

02

— Das Gefühl von ausreichend *Sicherheit* und *Schutz* ist die Basis für Entspannung, eine *Halte-Hand* zum *Hüftbutton* ist also immer eine Option.
— Eine gute Möglichkeit besteht darin, dem Pferd Entspannung vorzumachen. Sharon hat wieder einen Reim für dieses Gespräch gefunden: „*How low can your O go?*" Mitentscheidend für gutes Gelingen ist, sich selbst zu überprüfen. Entspanne deinen Nacken, stehe weich in den Knien, lasse alle Anspannung entweichen, atme tief und stell dir vor, wie dein Pferd Kopf und Hals sinken lässt. Du beginnst mit einem *Check-in*, im Anschluss führst du diese Hand Richtung Boden, während du dich herunterbeugst.
— Naheliegend ist auch, den *Folge-mir-Button* einfach zu „halten", zunächst gerne mit etwas Abstand. Die Frage an das Pferd ist: „Kannst du mir in die Entspannung folgen?"
— Einen großartigen Effekt hat auch immer wieder das Verbinden zweier Buttons, zum Beispiel die Kombi *Freundschaftsbutton* und *Folge-mir-Button* oder *Nasenrückenbutton* und *Folge-mir-Button*. Finde heraus, welche Kombination deinem Pferd am besten hilft. Bemerkst du, dass dein Pferd die Berührung einer dieser Buttons nicht mag, dann versuche das durch *Hot Potato Releases,* also kurzes, aber liebevolles Antippen, zu verbessern. Das ist als eine Voranfrage zu sehen: „Wie wäre es, wenn ich dich hier berühre?" Das ändert für Pferde oft relativ schnell etwas zum Besseren und man darf die Hand dort ablegen.
— Eine *Zahnfleischmassage (S. 23)* oder *Das Baby schaukeln (S. 116),* z. B. am *Nasenrückenbutton* oder *Nasenrücken- und Folge-mir-Button,* kann ein guter Weg in eine entspannte, tiefe Haltung sein.

03

01 Das schöne Gefühl, sicher zu sein

02 How low can your O go? Gemeinsam alle Anspannung loslassen

03 Relax and reset

ÜBER DIE STELLUNG

Gehen wir gedanklich einmal durch, welche Probleme sich beim Reiten oft ergeben: das Pferd will sich nicht biegen, es gibt auf der einen Hand nicht nach, es kürzt ab, seitwärts klappt nicht, es verwirft sich, es rennt mir unterm Hintern weg oder es ist „zäh".

Kannst du mir dein (inneres) Ohr schenken? Ja.

DIE BEDEUTUNG DES FOLGE-MIR-BUTTONS

Sicher spielen einige Faktoren bei den oben beschriebenen „Problemen" eine Rolle, ein festes Genick ist aber *i m m e r* beteiligt. Ob die Ursache dieser Verspannung nun mehr mentaler oder körperlicher Natur ist, gilt es herauszufinden und gegebenenfalls zu beseitigen. Nicht selten kommt beides zusammen, also die Vernachlässigung der Geschmeidigkeit des Genicks aus körperlicher Sicht *u n d* auch ein mentales „Festhalten" – etwa, weil prinzipiell Vertrauen beziehungsweise die Verbindung zum Reiter oder zum gesamten Thema Reiten fehlt. Oder es herrscht einfach „Unklarheit". Schaut man genau hin, werden Lektionen, so auch die Stellung, den Pferden oft nicht gut erklärt.
Beziehe in deine Ursachenforschung auch immer wieder fehlenden *Schutz* mit ein, als einen Grund für ein hohes, festes Genick und Außenstellung.

»Müsste ich ‚Stellung' einem Wert zuordnen, wäre dieser Wert die ‚Verbindung'.«

Kirsti

EIN WENIG ANATOMIE

Bevor wir uns nun überlegen, was wir alles für ein geschmeidiges Genick tun können, eine Definition: „Die Kopfgelenke (umgangssprachlich als ‚Genick' bezeichnet), bestehen

— aus dem ersten Kopfgelenk (auch als oberes Kopfgelenk oder Atlanto-okzipital-Gelenk bezeichnet). Dieses Gelenk zwischen Hinterhaupt und Atlas ist ein Ellipsoidgelenk und hat eine fast ausschließliche Beuge-Streck-Funktion (Nickbewegung, „Ja-Sager"-Gelenk). In geringem Umfang sind auch seitliche Bewegungen möglich, da es kein Scharniergelenk ist, wie oft behauptet wird;

— und dem zweiten Kopfgelenk (auch als untere Kopfgelenke oder Atlanto-axial-Gelenk bezeichnet). Die unteren Kopfgelenke werden von Atlas und Axis gebildet.

Der komplexe Aufbau der Kopfgelenke macht eine extrem feinmotorische Bewegung des Kopfes bzw. Genicks möglich. Die Kombination von Nickbewegungen (obere Kopfgelenke) und Drehbewegungen (untere Kopfgelenke) ermöglicht eine Bewegung in allen drei Raumebenen."[16]

Bei einem geschmeidigen Pferd setzt sich eine Stellung als Biegung durch den gesamten Körper bis in die gleichseitige Hüfte fort. Becken und Halsansatz des Pferdes sind durch den langen Rückenmuskel verbunden. Bei einer Biegung verkürzt sich einer der beiden langen Rückenmuskeln, Vorhand und Hinterhand des Pferdes nähern sich auf dieser Seite an, die innere Hüfte kommt vor und damit das innere Hinterbein. Und um die Hinterbeine geht es doch, die wollen wir erreichen. Das Genick gilt nicht umsonst als Tor zur Hinterhand.

Stellung von außen, der Kiefer öffnet sich nach außen

DAS OFFENE GENICK

Ich möchte im Zusammenhang mit der Stellung den „Processus Paracondylares" nicht unerwähnt lassen. Was ist das? „Es handelt sich um einen rechts und links an der Schädelbasis sitzenden, zeigefingerlangen, nach hinten gerichteten Knochenvorsprung. In einer Haltung hinter der Senkrechten heben sich diese Knochenvorsprünge unter die Flügel des ersten Halswirbels und blockieren dadurch das Genick für jede Seitwärtsbewegung. Das heißt: Eine Stellung im Genick ist anatomisch unmöglich geworden![17] Korrekte Stellung bzw. pferdegerechte, korrekte Ausbildung ist also nur mit einem geöffneten Genickwinkel möglich."

Sharon sagt: „Pferde wärmen sich gerne von vorne nach hinten auf. Erst möchten sie, dass wir ihnen Kopf, Kiefer und Hals entspannen. Dann wollen sie sich in einem schönen schwingenden Schritt bewegen. Dabei sollen wir tief atmen, seufzen und nicht zu schnell bestimmen, was sie tun sollen."

Das Stellen im Stand ist *d i e* Übung, um Kopf, Kiefer und Hals zu entspannen. Eine Vorübung ist *Das Baby schaukeln*.

[16] Gereon Wimmer, privat übermittelt

[17] Gerd Heuschmann, Balanceakt, Seite 155

DAS BABY SCHAUKELN

Die Schwingungen des *Rock the Baby* am Halfter oder direkt über den Nasenrücken wirken beruhigend auf den ganzen Körper und Geist und sind dem Lösen des Genicks besonders zuträglich. Ich finde es zunächst oft einfacher, „Zugang" zu einem Pferd zu bekommen, indem ich es einlade, mir in ein sanftes „Ja-Nicken" zu folgen und danach erst in ein seitliches Schwingen (Nein-Nicken). Stehe weich in den Knien, das Steißbein sinkt gedacht zum Boden, du atmest entspannt und wiegst dich sehr sanft und relativ langsam hin und her und lädst dein Pferd ein, mitzukommen.
Stephen W. Porges sagt dazu: „Schwingen stimuliert die Vagusrezeptoren, die bei der Regulation des Blutdrucks eine wichtige Rolle spielen, und trägt zur Organisation des gesamten Vagussystems bei. Es wirkt sehr beruhigend."[18]
Tipp: Möchte dein Pferd nicht im Gesicht angefasst werden, versuche das Baby zunächst am *Fellpflegebutton, Hüftbutton* oder am Schweifansatz zu schaukeln, das kommt auch vorne an. Oder du nimmst dir Zeit, das Thema durch *Hot Potato Releases* anzugehen (Seite 113).

STELLEN IM STAND

Wurde auf „Stellung" eine Weile nicht geachtet, wird das Gelenk schwergängig – ähnlich einem verrosteten Scharnier. Es lässt sich durch Bewegung wieder lösen. Schon vor hunderten von Jahren wusste man um die Vorteile des Lösens im Stand. Ludwig Hünersdorf schrieb 1791: „Bei der Gelegenheit also, wo man das Pferd angehalten hat, um es ausruhen zu lassen, oder

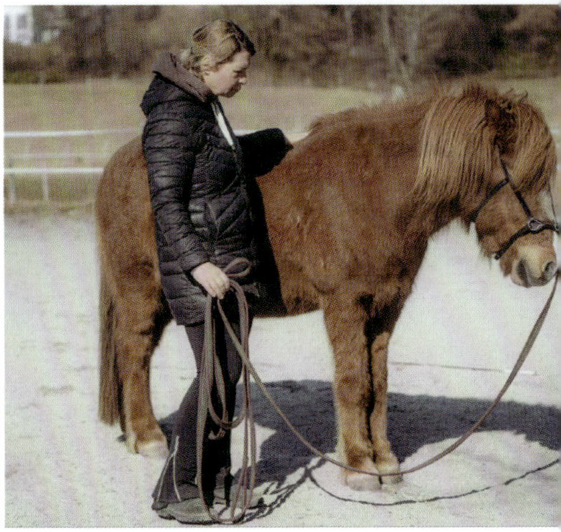

Das Baby schaukeln am Fellpflegebutton

ehe man es weggibt, bemüht man sich, ihm den Kopf und Hals einwärts zu biegen." An der Geschmeidigkeit des Halses ist so viel gelegen, dass wir die geschicktesten Reiter (...) ihre Pferde täglich hierin üben sehen."[19]
Wird das Stellen im Stand gefühlvoll ausgeführt, hat diese Übung entspannende Wirkung auf den gesamten Körper eines Pferdes. Das überträgt sich auf den Geist. Die positive Wirkung hat auch mit den Buttons zu tun, die gelöst werden.

GERTE ALS BIEGENDER SCHENKEL

Diese Form der Bodenarbeit soll logisch in den Sattel transportiert werden. Es bietet sich an, auch die (biegende) Schenkelhilfe am Gurt einzuführen. Pferde kommunizieren über den *Gurtbutton* natürlicherweise Verbindung, Vorwärts und Biegung. Fragen wir durch das Berühren mit der Gerte um Biegung an, kommt es häufig vor, dass sie es als Hilfe zum gemeinsamen Angehen deuten, vor allem, wenn die Gerte ein wenig kurz ist und wir uns, um an den Gurtbereich deuten zu können, leicht vorbeugen. Eine gute Vorgehensweise, um das Angehen

[18] Stephen W. Porges Die Polyvagaltheorie und die Suche nach der Sicherheit, S. 157
[19] Ludwig Hünersdorf, Anleitung zu der natürlichsten und leichtesten Art, Pferde auszubilden, 1791

Stellung und Biegung im Stand, vertrauensvoll lernen und verstehen

> »*Achtsame Kommunikation mit dem Nasenrückenbutton und dem Folge-mir-Button lässt das Pferd in unseren Händen ‚schmelzen'. Es wechselt aus dem Kampf- oder Fluchtmodus ins Vertrauen – von X zu O.*«
>
> *Sharon*

zu vermeiden, ist, das Pferd zunächst an Hals oder Schulter zu berühren und die Gerte dann auf dem Fell zum Gurt vorzuschieben (evtl. auch mit dem Gertenknauf statt der Gertenspitze).

Diese Übung erfordert Konzentration. Sucht euch einen guten Platz. Es ist sinnvoll, das Pferd so zu positionieren, dass es sich von hinten sicher fühlt. Bei Pferden, die sich mit Stellung schwertun, ist es sehr hilfreich, mit einer eher tiefen Halshaltung mit geöffnetem Genickwinkel zu beginnen. Schon Steinbrecht wusste: „Widrige Hälse gewinnen erst nach langer mühsamer Arbeit in der tiefen Stellung die Fähigkeit, die oberen Wirbel genügend zu biegen, um in der Aufrichtung die Herbeizäumung des Kopfes zu erhalten."

IN DER PRAXIS

Das Stellen im Stand ist sowohl mit Kappzaum als auch mit Trense möglich. Ich empfinde die Trense als effektiver. Dennoch ist es natürlich ratsam, bei einem Jungpferd am Kappzaum zu beginnen. So gehst du vor:

1. Du stehst direkt vor dem Pferd, mit so viel Abstand wie möglich, so viel Nähe wie nötig. Die eine Hand am Strick lässt du sehr nah an den Kappzaum gleiten, also an den *Nasenrückenbutton*. Die andere Hand hält die Schlaufen des Seils und die Gerte. Dies ist bei der Bodenarbeit und dem Longieren immer eine gute Handhabung, da sich so die Hand am Pferd wirklich nur auf das Pferd konzentrieren und auch mal lockerlassen kann. Das ist schwieriger, wenn du den

Rest des Strickes auch noch in der Hand tragen würdest.

2. Die Hand am Kopf des Pferdes bewegt sich auf eine Seite und animiert das Pferd zu folgen. Es geht hier um eine Rotation. Der Hals verlässt die mittige Position zunächst kaum, nur der Kopf dreht in die entsprechende Richtung. Achte darauf, dass du auf keinen Fall rückwärts wirkst, aber auch nicht vorwärts.
3. Will es auf einer Seite nicht so recht gelingen, versuche es nicht „durchzudrücken". Frage nach einer kleinen Pause lieber noch einmal nach Stellung zur leichteren Seite und versuche dann, diese Lockerheit fließend auf die schwierigere Seite mitzunehmen. So wird es mit der Zeit immer besser.

DAS FÜHREN IN STELLUNG

Das „Führen in Stellung" ist eine hervorragende Möglichkeit, jedes Pferd schon in der Grundausbildung, also vor dem „Gerittenwerden", geradezurichten und in Balance zu bringen. Je gewissenhafter wir diese Aufgabe erfüllen, desto weniger müssen wir beim Reiten das fehlende Gleichgewicht mit unfeiner Hilfengebung ausgleichen.

Du bist deinem Pferd in dieser Übung sehr nahe. Das hat Vorteile und Nachteile. Es ist leichter, einem Pferd aus der Nähe Vorschläge für ein besseres Gleichgewicht zu machen. In der rückwärts führenden Position siehst du zudem das ganze Pferd und all seine Reaktionen. Bestimmte Pferdetypen mögen diese Führposition sehr, die Nähe beruhigt sie und sie fühlen sich gesehen, geschützt und gut geführt. Der Mensch nimmt dabei eine leichte *O-Haltung* ein, das wirkt einladend. Im Idealfall wird er in gewisser Weise zum „laufenden Sicherheitsobjekt". Andere Pferde zeigen klar an, dass sie diese Position bedrängt, besonders, wenn die Führperson zu viel X in ihrem Körper trägt, gestresst atmet und insgesamt nicht bei sich ist.

Das *Führen in Stellung* ist meines Erachtens eine der allerbesten Möglichkeiten, die Ausbildung am Boden mit dem Reiten zu verknüpfen: Die Monate des ersten „Gerittenwerdens" stellen ziemlich viele Anforderungen an ein Pferd, die oft unterschätzt werden. Die exakte Führung des vertrauten Menschen in der gewohnten Weise, die es seit Wochen kennt, hilft.

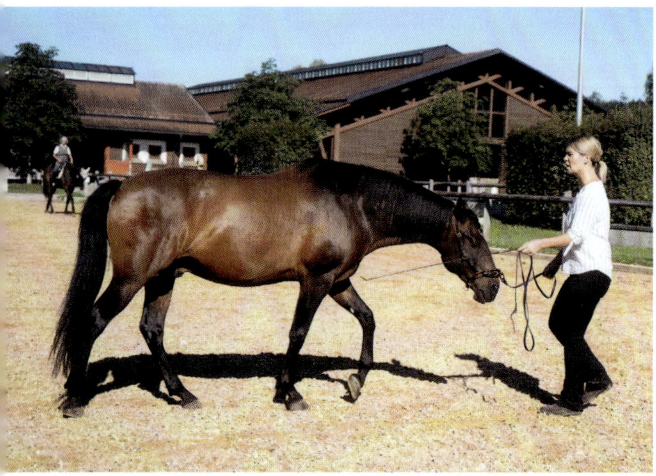

Aus einer Einladung, mir zu folgen …

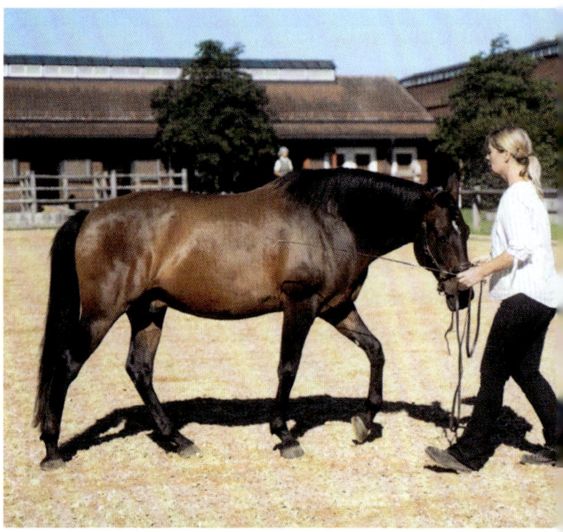

… stelle ich Brilli langsam „an die Hilfen".

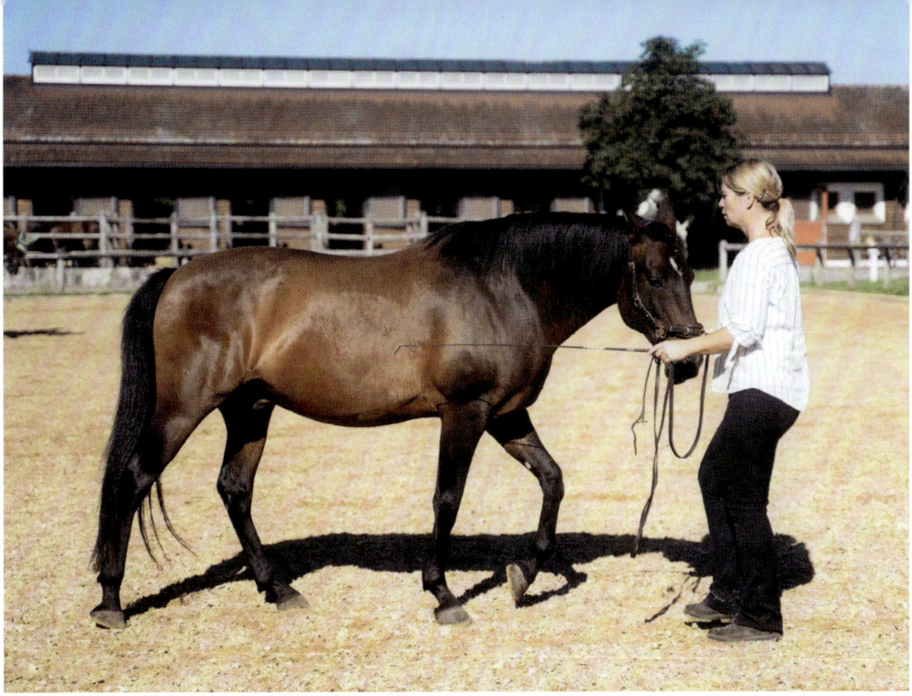
Mit angehobener Schulter in Balance auf die Linie eingestellt

RÜCKWÄRTS VOR DEM PFERD

Es sind zwei Varianten des Führens in Stellung zu unterscheiden: Der Mensch kann dabei vorwärtslaufen, ganz „normal" neben seinem Pferd her, oder rückwärts vor seinem Pferd. Ich bevorzuge zunächst immer die zweite Möglichkeit (sich rückwärts vor dem Pferd zu bewegen). In dieser Variante sehe ich mein Pferd besser und außerdem empfinde ich das Zusammenspiel der Hilfen bezüglich Stellung und Biegung als einfacher. Du gehst so vor:

4. Eine sinnvolle Vorübung ist es, zunächst geradeaus rückwärts wenige Schritte anzugehen und wieder durchzuparieren. Die Hilfe zum Angehen setzt sich zusammen aus einer einladenden Stimmhilfe und auch Körpersprache (also eher kleinmachen und rückwärts Raum geben, *O-Haltung*). Die Gerte kann auf den *Gurtbutton* zeigen, als Aufforderung, sich anzuschließen. Die Hand am Kappzaum gibt dem *Nasenrückenbutton* einen Vorwärtsimpuls.
   Bereite dein Pferd zum Halten stimmlich vor und bringe die Gerte frühzeitig zwischen dich und das Pferd. Verstärke den X-Anteil in deiner Haltung. Schließe die Hand am *Nasenrückenbutton*, atme aus und deute ein *Hocken zum Halten* an.
5. Hat sich das Pferd an einen rückwärts vor ihm herlaufenden Menschen gewöhnt, legst du einen Zirkel als Arbeitslinie fest. Auf diesem testest du, ob dir das Pferd quasi „am langen Zügel" folgt, genau auf deiner Linie. Ist dies gegeben, tastest du dich näher und „stellst es an die Hilfen".
6. Um aus dem Halten auch auf dem Zirkel gleich in einem guten Gleichgewicht anzugehen, stellst du dein Pferd schon im Stand korrekt (Backe-Hals-Schulter). Oft hilft es, zunächst einen relativ kleinen Kreis anzulegen, um erste Stellung und Biegung zu erreichen, besonders auf der „festeren Hand". Auf größerem Kreis kommt man auch leichter ins „Schwimmen" – wie beim Reiten auch.
7. Wichtig ist, einen Plan zu haben, wie groß du beginnst, und (zunächst) an diesem festhalten. Der Zirkel muss (ebenso wie beim Reiten) wirklich rund sein, nur dann kann das Pferd in Balance kommen. Hier muss der Mensch vor allem an sich

Für den Gertenwechsel kreuzt die linke Hand unter dem Strick nach rechts, die rechte Hand übernimmt.

SICH ZEIT LASSEN

Auch uns selbst sollten wir etwas Zeit geben, um uns an das Rückwärtsgehen auf einem Kreis zu gewöhnen. Es geschieht teilweise in relativ flottem Tempo, um dem Pferd seinen natürlichen Schritt nicht zu nehmen. Außerdem wollen wir dem Pferd auch noch „helfen", sprich „Hilfen geben". Das ist ganz schön viel zu beachten.

arbeiten. Auch ein gleichmäßiges Tempo gilt es unbedingt einzuhalten. Achte darauf, welches Tempo dem Pferd zunächst entgegenkommt. Junge Pferde benötigen oft ein relativ flottes Tempo.

8. Neben deiner Stimme und Körperdrehung hast du deinen Kappzaum als „Handwerkszeug", um dein Pferd auf die Linie einzustellen. Dies gibt dir die Möglichkeit, das Genick des Pferdes durch eine kleine, nach innen führende Handbewegung so weit zu drehen, dass das innere Ohr ein wenig weiter nach innen kommt (Stellung). Deine Gerte kannst du gezielt am *Gurtbutton* einsetzen, sei es treibend und/oder biegend.

HANDWECHSEL

Naheliegende Handwechsel wären, „Durch den Zirkel", aber auch „Aus dem Zirkel". Die Acht, ein ständiges „Aus dem Zirkel wechseln", ist übrigens eine tolle Möglichkeit zur Gymnastizierung.
Der Handwechsel kann auf beliebige Art durchgeführt werden, eine schöne Variante ist, die Hand, die Strickende und Gerte führt, unter der das Pferd führenden durchzukreuzen, dann umzugreifen. Ein perfektionierter Handwechsel macht die Übung in ihrem Gesamtablauf fließend.
Es gibt einige Möglichkeiten, das Führen in Stellung auszubauen, bzw. damit zu spielen.

01

BIEGUNG AUF DER GERADEN

Ich empfinde es als einen der wichtigsten Momente in der Ausbildung überhaupt, wenn das Pferd das Biegen an sich bzw. das „In-Biegung-geradeaus-Gehen" einmal verstanden hat. Ab diesem Moment ist Geraderichtung auf der Geraden möglich und es lässt sich jeder Seitengang entwickeln – wenn man möchte.

Es ist sinnvoll, das Rückwärtslaufen im *Führen in Stellung* zunächst beizubehalten. Im ersten Schritt ziehst du das Führen in Stellung aus dem Zirkel einfach ein wenig auf die lange Seite. Funktioniert es so, die Biegung auf der Geraden rückwärts geführt zu erhalten, kannst du versuchen, dich für kurze Phasen in die vorwärts führende Position zu drehen und die Biegung dabei beizubehalten. Sitzt dies, versuchst du es schließlich gleich aus der vorwärtsführenden Position, aus den *Armen des Tänzers* heraus. Beginne in einer Ecke, den *Gurtbutton* mit dem Abfußen des inneren Hinterbeines mit der Hand oder der Gerte anzutippen und gleichzeitig den Kopf etwas um Stellung zu bitten (*Piano-Finger*). Das versuchst du ein paar Schritte auf der Geraden weiterzuführen. Um dabei die Linie zu halten, ist der Blick nach vorn wichtig, gemeinsam mit der Idee: „innerer Schenkel zum äußeren Zügel". Lobe dein Pferd ehrlich begeistert schon für ein oder zwei tendenziell richtige Schritte.

IM REITALLTAG

Der Reiteinsteiger kämpft oft mit zwei gegensätzlichen Problemen: entweder möchte das Pferd nicht außen herum laufen oder es möchte von der Bande nicht weg. Lass uns das aus Sicht von Horse Speak betrachten: Ein „stoischer Pfadfinder" zum Beispiel wird seinen gewohnten Pfad außen vielleicht ungern verlassen. Das Gros der unsicheren „Sandwich-Pferde" hält sich dagegen gern in der sicheren Mitte auf, mit Blick nach außen (besonders, wenn sie allein auf dem Platz sind). Auf dieses häufige Problem möchte ich genauer eingehen.

01 Natürliches Verhalten: der sichernde Blick nach außen, der Körper fällt nach innen und ist geschützt.

02 Der Mensch wird zum Sicherheitsobjekt, Hilfen setzen körperlich in Balance.

03 Die Balance kann in kurzen Phasen auch vorwärts geführt gehalten werden.

02

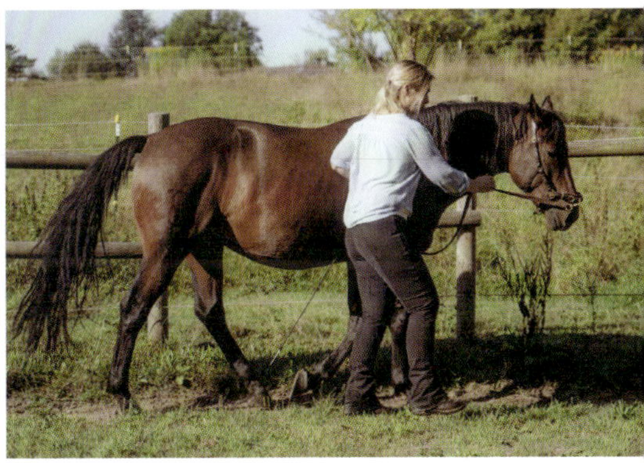

03

Es scheint zunächst logisch, das Pferd mit dem äußeren Zügel außen zu halten. Was passiert aber, wenn ich am äußeren Zügel mehr Kontakt habe als innen? Das Pferd wird den Kopf noch mehr nach außen drehen, es wird auf die innere Schulter (innen im Sinne der Bahnmitte) kippen und dieser in die Reitbahnmitte folgen wollen.
Ein ähnliches Thema sind Volten: Der Reiter hat den Wunsch, die Voltengröße zu halten, dies aber möglichst ohne Außenstellung. Um die Schulter vermeintlich zu begrenzen, ziehen viele Reiter den Innenzügel über den Mähnenkamm nach außen. Die Folge sind Verspannungen bei dir und deinem Pferd, und beim Pferd zudem ein verworfenes Genick.
Wie erreiche ich nun mein Ziel: ein Pferd, das in der Biegung am Außenzügel steht, während der innere Zügel leicht wird?
Der sich nach innen öffnende Innenzügel (*Yogazügel)* fragt das Pferd, ob es etwas zur Mitte gucken kann, der nach innen wandernden Hand folgend (*Folge mir-Button)*. Wenn nötig, wird dies mit dem Schließen der Hand aus dem kleinen Finger kombiniert (*Piano-Finger*). Kommt das Pferd dieser Bitte nach, verkürzt sich die Innenseite, dieser Zügel wird dann „leichter". Die äußere Körperseite des Pferdes verlängert sich, dadurch „wölbt sich das Pferd an die Außenhilfen heran". Der Reiter kann nun aus dem Sitz mit dem Becken in die Biegung schwingen und gezielt das innere Hinterbein aktivieren. So setzt sich letztlich die Stellung als Biegung in den ganzen Körper fort.
Viele Pferde halten ihr Genick aber fest oder versuchen durch Heben oder Senken oder Schiefhalten des Kopfes der Anfrage zu entkommen, andere treten die „Flucht nach vorne" an – oder alles auf einmal.
Durch gute Vorbereitung am Boden ist das Problem beim Reiten nicht so groß und schneller gelöst, weil die Pferde die Hilfen schon kennen.

Das Pferd steht in der Biegung sicher an den Außenhilfen, der Innenzügel wird leicht.

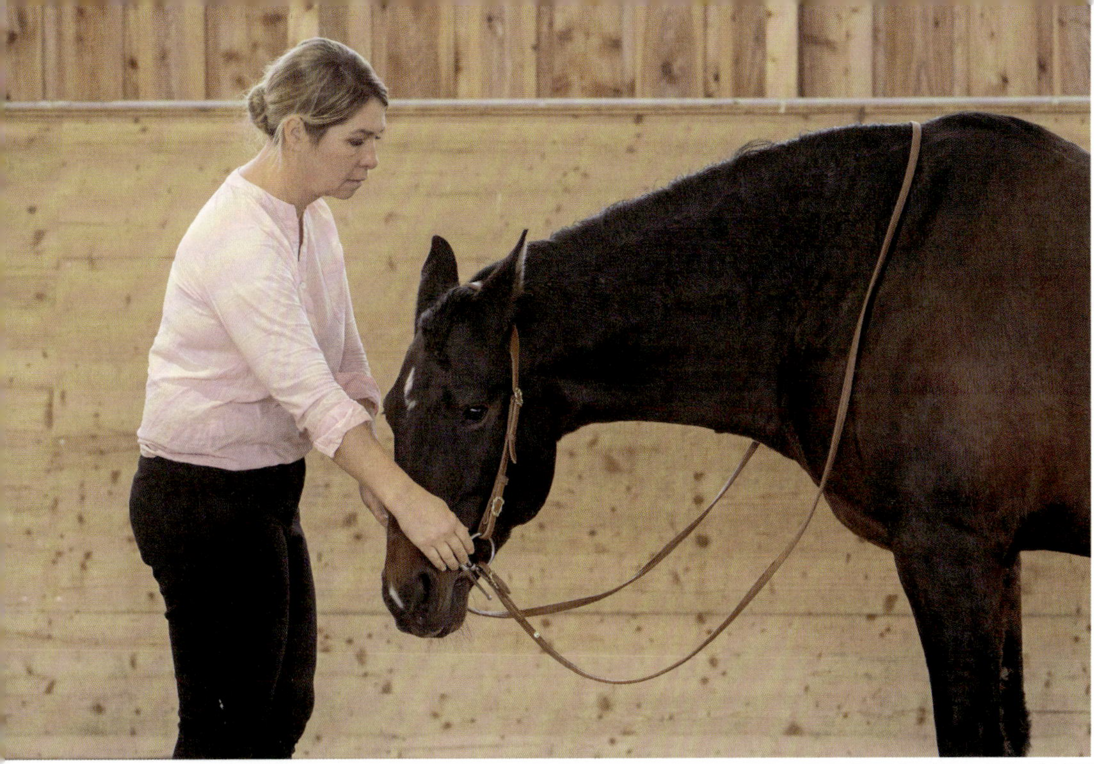

Genick lösen in der Handarbeit mit geöffnetem Genickwinkel

HANDARBEIT

Handarbeit ist nicht gleich Handarbeit. Im konventionellen Sinn wird sie meist benutzt, um die Piaffe zu erarbeiten. Bodenarbeit mit einer Trense kann aber auch ein großartiges Tool sein, um einem Pferd Zügel und Schenkelhilfen kleinschrittig zu erklären. Mittels dieser Form der Handarbeit ist es möglich, Fragen zu beantworten, bevor sie gestellt werden müssen. Das sorgt für Entspannung und gibt Sicherheit.

Auch in der Handarbeit sind Pferd und Mensch sich sehr nahe. Versuche, den Raum deines Pferdes zu achten, halte dich so nah wie nötig, um entspannt hantieren zu können, aber so weit weg wie möglich, um weder mental noch körperlich einzuengen. Die räumliche Nähe und das erforderliche Vertrauen machen eine Beschäftigung mit dem *Nasenrückenbutton* wie auch dem *Folge-mir-Button* sinnvoll. Es ist höflich, vorab zu klären, ob man das Pferd dort anfassen darf (siehe S. 42).

LÖSEN IM STAND

Der *Yogazügel,* zunächst im Stehen, stellt die perfekte Voraussetzung für Handarbeit dar. Sehr hilfreich ist es aber, eine kleine Vorübung einzuschieben, um das Genick zuerst mit mehr Nähe und damit Klarheit zu lösen. Das Pferd ist auf Trense gezäumt. Du positionierst dich vor deinem Pferd, mit Blick auf das Pferd. Nimm beide Gebissringe zwischen Zeigefinger und Daumen und „kippe" sie parallel, entsprechend der Seite, zu der dein Pferd seinen Kopf lösen soll. Der eine Daumen drückt also etwas auf das Pferdemaul zu, der andere vom Maul weg. Das Ziel ist, dass das Pferd dieser Anfrage, den Kopf (mit den Ohren auf einer Höhe) ein wenig zur Seite zu drehen, ohne körperlichen Widerstand nachkommen kann, kaut und zur Hand sucht. Genau diese Reaktion wünscht man sich dann auch vom Sattel aus auf das Annehmen des (stellenden) Zügels. Oft atmen die Pferde daraufhin aus oder schütteln sich, der Hals sinkt, die Ohren fallen entspannt auseinander – alles Zeichen, dass sich etwas gelöst hat, mental wie körperlich.

Hat das Lösen im Stand am Gebiss gut geklappt, stellst du dich seitlich neben das Pferd, in etwa auf Schulterhöhe. Jetzt werden die Zügel zur Verbindung zwischen Hand und Pferdemaul. Du fragst dein Pferd nun, ob es deinen Händen folgt, nach beiden Seiten. Dein Arm bewegt sich *Hoch und Rüber.* Achte dabei auf gelöste Achselhöhlen, entspannte Ellbogen, lockere Handgelenke und weiche Finger. Wenn nötig, kannst du die Hand auch aus dem kleinen Finger startend schließen.

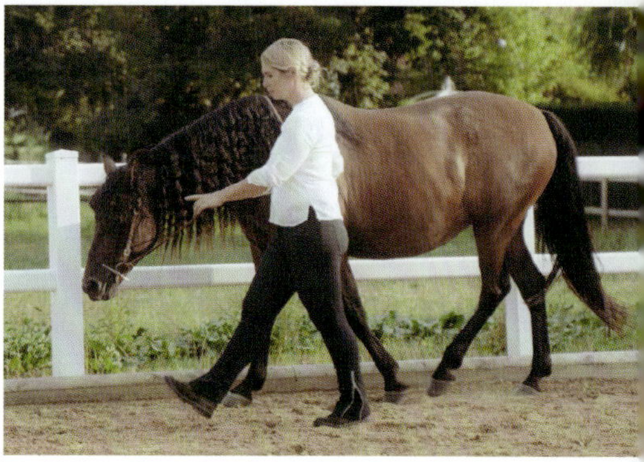

Im Gleichschritt entspannt an die Hand suchend

Die Bitte, den Kopf auf die andere Seite zu drehen (auf die, auf der du nicht stehst), ist eventuell je nach Größenverhältnis ein wenig eingeschränkt, kann aber fantastisch durch das Deuten auf den *Backenbutton* sozusagen „von außen“, unterstützt werden. Wechsle danach gerne die Seite und versuche „beide Zügel“ von beiden Seiten.

Yogazügel: Kannst du meiner Hand folgen?

IN DER BEWEGUNG

Hat das Pferd dies verstanden und kann dem auch körperlich folgen, setze dies in der Bewegung um. Die Idee der *Arme des Tänzers* erweist sich hier als geniale Grundlage. Viele Pferde finden diese Führposition zunächst „komisch“: Der Mensch ist etwas auf sie zugedreht, deshalb zögern sie, anzugehen. Unser Blick nach vorne gewinnt hier also an Bedeutung. Durch den Blick drehen sich auch unsere Schultern so weit möglich in die Bewegungsrichtung. Die vordere Hand führt das Pferd am Halfter oder direkt am Nasenrückenbutton oder am Innenzügel, die hintere führt den Außenzügel und fungiert am *Gurtbutton* als verbindendes, biegendes, treibendes Bein. Das Aktivieren erfolgt durch die Fingerspitzen oder auch den Handrücken. Der positive Effekt

Zügel- und Schenkelhilfen am Boden verstehen

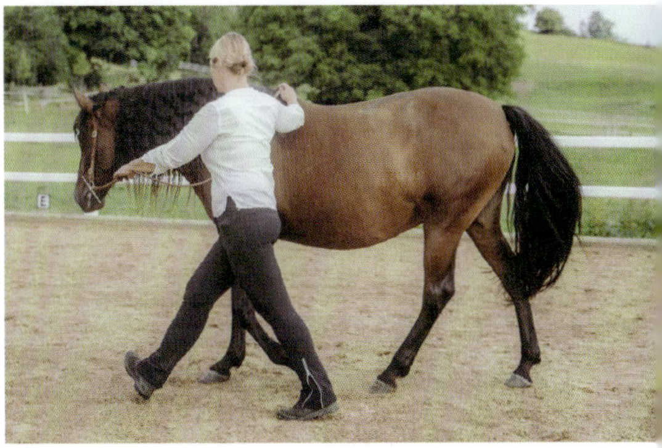

Stellung und Biegung von außen geführt

dieser Haltung ist, dass wir „horizontaler" werden, das öffnet unseren *Gurtbutton*, die beiden *Gurtbuttons* können sich verbinden. Plane nun euren Weg, immer gerne eine leichte Biegung. Mache deinem Pferd einen ersten Schritt vor. Zögert es, gib ihm Zeit. Ich warte dann nach dem ersten Schritt auf das Pferd, bleibe bei ihm, überhole es nicht, leichter Zug bleibt erhalten, aber nicht verstärkt. Freue dich über *e i n e n* gemeinsamen Schritt und zeige dies deinem Pferd.
Sobald es Alltag geworden ist, in dieser Führposition entspannt gemeinsam zu laufen, ist der Moment gekommen, dem Pferd Stellung und Biegung in der Bewegung zu erklären. Das Ziel soll die diagonale Hilfengebung sein. Der Weg dahin führt aber über die einseitige Hilfengebung: ein stellender innerer Zügel und ein aktivierender innerer Schenkel. Diese einseitige Hilfengebung erzeugt Stellung und Biegung, die das Pferd an die Außenhilfen leitet.
Der innere Zügel wird dabei mit der Vorstellung des *Yogazügels* aus einem lockeren Arm mit geöffneten Achselhöhlen, gewinkelten Ellbogen und rundem Handgelenk etwas angehoben und nach innen geöffnet. Die vordere Hand kann bequem vor dir getragen werden, mit einigem Abstand zur Trense, wie vom Sattel aus auch. Dein Oberkörper ist klar in eure Bewegungsrichtung gedreht. Die Hand am Außenzügel wird ganz entspannt etwa am *Gurtbutton* getragen, rahmt ein und simuliert den inneren Schenkel.

»Gleichschritt schafft Verbindung, durch die die Pferde unsere Vorschläge gut annehmen können.«

Kirsti

Ich bewege mich dabei für das Pferd logisch Schulter an Schulter, gerne im *Gleichschritt*, passe mich also zunächst den Schritten meines Pferdes an. Das schafft *Verbindung*, durch die die Pferde unsere Vorschläge gut annehmen können.

DIE DREIMAL-REGEL

Wer Sharon kennt, weiß, dass sie kein Typ ist, der gerne Regeln aufstellt. Die Dreimal-Regel ist aber ein genialer Vorschlag im Umgang mit Problemen.
Ich nehme gerne das Gurten als Beispiel. Zeigt dein Pferd auf das Anheben des Gurtes ein „Nein", wie zum Beispiel das Anlegen der Ohren, das Heben des Kopfes, das Verziehen des Maules, das Schlagen mit dem Schweif, das Aufstampfen oder eine Kombi daraus, so lasse den Gurt wieder sinken. Lege eine lohnende *Pause* ein – entweder

Ruhiges Führen auf Distanz beendete das gestresste Kopfschleudern dieses jungen Pferdes.

einfach wegtreten und eine *Halte-Hand* zum Pferd oder zwei Buttons verbinden (gern ohne Körperkontakt). Dann hebst du den Gurt erneut an und beobachtest die Reaktion. Nicht selten ist sie beim zweiten Mal bereits milder. Mach es ein drittes Mal. Dieses Vorgehen hat zwei Effekte: Zum einen zeigst du deinem Pferd, dass du seine Bedenken siehst und nicht darüber hinweggehst. Zum anderen gibst du ihm Zeit, den Vorgang zu verarbeiten und bestenfalls wahrzunehmen, dass es so schlimm eigentlich gar nicht ist.

Sharon brachte auf einem Kurs einmal folgenden Vergleich: „Auch in unserem Leben mag es Dinge geben, die wir nicht so gerne tun, morgens früh aufstehen und ins Büro gehen zum Beispiel. Das ist in gewisser Weise ‚normal', darf aber nicht so belastend werden, dass wir auf die Dauer ein Magengeschwür bekommen. Wir müssen nicht begeistert sein, aber es muss ‚okay' sein."

Stecken keine extrem schlimmen Erfahrungen oder ein Magengeschwür hinter der Abwehrreaktion bezüglich des Gurtes, dann kann die *Dreimal-Regel* der Schlüssel dazu sein, dass das Gurten für das Pferd „okay" wird. Das gilt für viele andere Dinge auch.

DIE ANWENDUNG DER DREIMAL-REGEL

Ich möchte bewusst einige Situationen aufführen, in denen die *Dreimal-Regel* hilfreich sein kann:

- Annähern generell (Annäherung und Rückzug)
- Annähern mit Sattel
- Aufhalftern
- Befestigen des Strickes
- Betreten der Box (Tür dreimal öffnen und schließen)
- Betreten der Aufsteigehilfe (dreimal rauf und runter)
- Fuß in den Steigbügel stellen
- Aufsteigen selbst
- Zeigen problematischer Dinge (an den Begrüßungsbutton) wie Sattel, Fliegenspray, Gerte (ebenfalls dreimal wiederholen)

BODENARBEIT VERSUS „LAUFEN LASSEN"

Durch das „Freilaufen lassen", möchte man einem Pferd die Gelegenheit geben, überschüssige Energie loszuwerden. Das sollte eigentlich, dank täglichen Koppelgangs, nicht nötig sein. Außerdem lohnt es sich, die Wirkung des Freilaufens genau zu betrachten.

X UND O BEWUSST EINSETZEN

Beim Freilaufen mimt der Mensch das größtmögliche X. Das heißt, seine gesamte Körpersprache, mit erhobenen Armen und womöglich einer langen Longierpeitsche hinter einem Pferd herrennend, vermittelt: „Lauf weg." Für ein Pferd bedeutet das, dass irgendwo eine Bedrohung vorhanden sein muss, sonst gäbe es ja keinen Grund zu rennen. Mehr X, also mehr Druck, mehr Stress kann es kaum geben. Das Gegenteil des X, das einladende O, sich wieder „klein" zu machen und zurückzuziehen, fehlt meistens ganz.
Möchte der Mensch das Pferd, nachdem er es rumgescheucht hat, wieder „einsammeln", bleibt er meist in dieser X-Energie stecken. Dem „Respect" sollte aber immer ein „Connect" folgen, ganz abgesehen davon, dass ein Pferd herumzuschicken eher Misstrauen als Respekt erzeugt.
Es lohnt sich, mit gesundem Menschenverstand zu überlegen, ob man den angeborenen Fluchtinstinkt eines Pferdes wirklich „fördern" möchte. Möchte ich dem Pferd beibringen, vor mir wegzulaufen? Sich so möglichem Stress durch den Menschen zu entziehen? Zum Beispiel im Moment des Aufsteigens?
Ein weiteres Problem, gerade auf großen Reitplätzen, ist, dass der Mensch zu langsam ist und damit nicht klar genug führen kann (*Klarheit*). Das Pferd dreht, wendet und bestimmt die Gangart weitgehend so, wie es will – obwohl es das gar nicht will. Eine stressige Situation für das Pferd.

SINNVOLLE AUFGABEN STATT MÜDE MACHEN

Abwechslungsreich angelegte Bodenarbeitseinheiten müssen nicht lang sein und es geht daraus ein zufriedenes Pferd hervor. Es ist jemand da, der ihm hilft, seine Mitte zu finden. Sicher gibt es immer mal Tage, an denen ein Pferd so aufgedreht ist, dass man sich nicht einfach so draufsetzen möchte. Hier wäre z.B. ein vorgeschaltetes *Führen auf Distanz* etwas, das dem „Freilaufen" vorzuziehen ist, ein Longieren, bei dem das Ziel ist, *gemeinsam* in einen entspannten Nullzustand zu gelangen. Es geht nicht darum, das Pferd müde zu machen.
Freilaufen lassen als erste Maßnahme vor der Arbeit ist bei den meisten Pferden absolut kontraproduktiv. Im Ergebnis erhält man ein aufgedrehtes, *verwirrtes* Pferd, das alles andere als „bei mir" ist, denn ich habe es ja weggeschickt, in Stress versetzt. „Warum? Und jetzt ist wieder alles gut? Ich darf (wieder) bei dir sein? Bist du dir sicher?"

Fühle genau hin, was als Vorbereitung für dein Pferd prinzipiell und an diesem Tag wichtig ist, um eine für beide positive Reiteinheit zu ermöglichen.

MEINE LEHRMEISTER, DIE PFERDE

Für einen spanischen Hengst war das Longieren auf relativ kleinem Kreis als alltägliche Routine am Anfang der Einheit eine gute Sache. Der kleine Kreis ermöglichte mir relativ viel Führung, unter der er sich gut aufgehoben fühlte, eine gewisse Nähe (Verbindung), aber auch nicht zu viel. Der Kreis an sich hat etwas Beruhigendes: Er bleibt immer gleich, das Pferd konnte sich „daran festhalten". Sein gestresstes Schleudern mit dem Kopf ließ nach und über die Wochen sank der Kopf immer weiter in ein schönes, entspanntes Vorwärts-abwärts.
Es muss aber kein spanischer Hengst sein. Eine junge Isländerstute war immer „unansprechbar", wenn sie verliebt war. Das Longieren war in dieser Situation zu viel Distanz, zu wenig Führung. An Freilaufen wäre gar nicht zu denken gewesen, sie hätte versucht, die Hallenwand „hochzukrabbeln". Das übliche Vorgehen wäre gewesen, sie „müde zu machen". Ihr half ein Routineprogramm, vor allem das *Führen in Stellung*. Sie brauchte Nähe und eine klare Ansage, so kam sie wieder in einen grünen Bereich.

HORSE SPEAK IM SATTEL — *Balance finden*

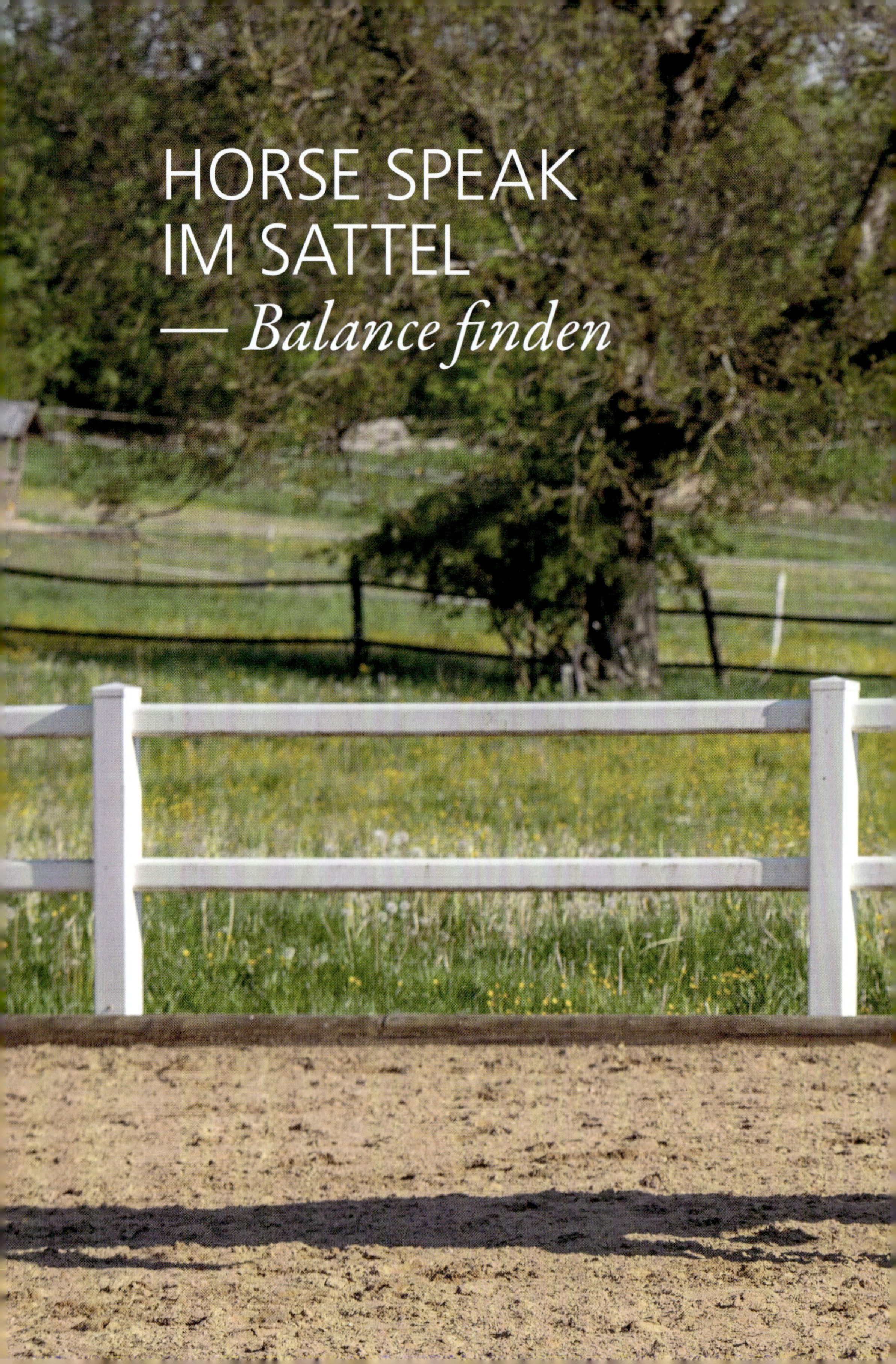

AUFSTEIGEN: EIN BESONDERER MOMENT

Es lohnt sich sehr, dem Moment, in dem wir auf den Rücken unseres Pferdes, einem Beute- und Fluchttier, aufsteigen, einige Aufmerksamkeit zu widmen. Das zentrale Thema in diesem Zusammenhang ist grundsätzliches Vertrauen zu dem Menschen und – das möchte ich nicht unter den Tisch kehren – Vertrauen in das Reiten.

Ist Reiten für das Pferd gleichbedeutend mit Stress, dann hat es einen guten Grund, den Reiter nicht aufsteigen zu lassen. Last but not least stellt das Pferd auch die Frage nach *Schutz* und *Sicherheit:* „Lässt du mich auch nicht alleine mit dem Thema, wenn du jetzt auf mir sitzt?“

»Bist du noch die Gleiche?«
Sharon

01

Das ist sicherlich der Moment, in dem die Frage „Are you still the same?“ am dringlichsten wird! Bist du immer noch die Gleiche wie am Boden? Und tatsächlich ändern sich auch Menschen, die sich am Boden sehr viel Mühe geben, ihr Pferd zu sehen, in dem Augenblick, in dem geritten wird – aus vielerlei Gründen.
Einer ist sicherlich Angst. Ein weiterer die Annahme, dass es sich um zwei verschiedene Paar Stiefel handelt und das Pferd beim Reiten zu funktionieren hat. Oder die Möglichkeit, es anders zu machen, wird gar nicht in Betracht gezogen, vielleicht auch, weil es ja schon immer so gemacht wurde. Das war aber noch nie ein gutes Argument!
Ich möchte an dieser Stelle von einer Isländerstute in ihrer ersten Horse Speak-Einheit erzählen. Ein Beispiel, bei dem du dich vielleicht zunächst fragst, was das mit dem Aufsteigen zu tun hat.

Auf den ersten Blick machte die Stute brav mit, auf den zweiten Blick war sie nur körperlich anwesend, mental war sie eigentlich bei ihrer Herde. Daran änderten das Sichern der Halle und einige andere Problemlöser wie das *Therapeutische Rückwärts* nicht wesentlich etwas. In diesem Fall wurde etwas anderes zum „Gamechanger“ für das Pferd: Ganz bewusst bat ich die Besitzerin, das Pony vom Strick zu lassen. Die Stute marschierte sofort zum Tor. Denken wir an den Zirkel der 4G: *Grüßen, Gemeinsam-irgendwohin-Gehen, Fellpflege, Verabschiedung.*
In diesem Fall war keine *Fellpflegephase* entstanden – der Moment, in dem man gerne gemeinsam Zeit verbringen möchte, der nachvollziehbarer Weise erreicht sein sollte, wenn wir uns auf ein Pferd setzen und es reiten möchte.
Mein erster Impuls war, die *Gemeinsam-irgendwohin-Gehen-Phase* zu verbessern,

02

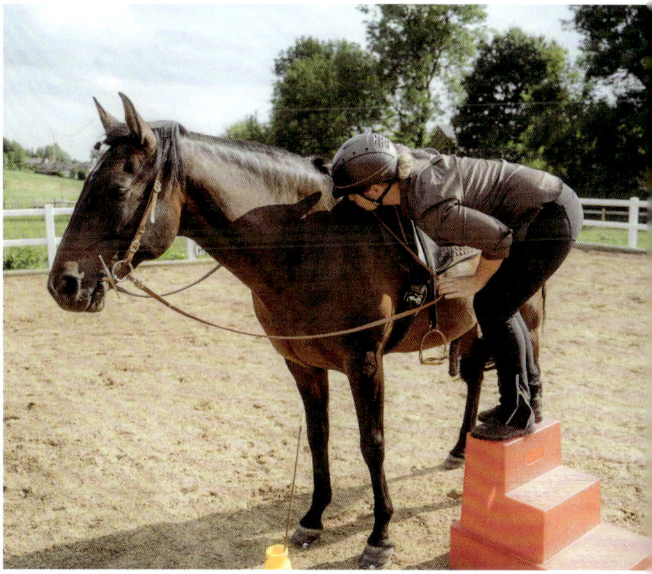

03

01 Das Therapeutische Rückwärts hilft dem Pferd, vor dem Aufsteigen noch etwas zu sich kommen.

02 Entspannung und Balance durch ein Das Baby schaukeln

03 Schöne Freundschaftsgeste vor dem Aufsteigen: Ich kann dich gut riechen.

z. B. durch ein Vertiefen der Führübungen oder auch durch Gespräche über den seitlichen wie auch vorderen Raum. Das wäre wieder eher die „Erziehungsschiene" gewesen. Ich entschied mich spontan, die Besitzerin zu bitten, der Stute „etwas Gutes zu tun", nämlich ihr die Beine zu massieren. Es dauerte wenige Minuten und die kleine Maus ließ ihren Kopf hinter das Tor sinken, ganz erstaunt, was da passierte: „Ein Mensch massiert mir die Beine." Das führte zu Wohlbefinden, weckte echtes Interesse und schuf Verbindung. So ließ sich die Stute im Anschluss von ihrer Besitzerin ohne Strick vom Tor wegführen, war völlig bei ihr.
Das ist der Moment, in dem man dem Pferd „Vorschläge" machen kann bezüglich unserer Wünsche in Form von Bodenarbeit oder auch zum Aufsteigen und Reiten. Sehr viele Pferde werden jeden Tag geritten, ohne dass eine Fellpflegephase erreicht ist. Einige Stürze könnten sicher vermieden werden, würde dieser Zusammenhang in das Bewusstsein der Menschen rücken. Zudem hätten sicher beide Beteiligten mehr Spaß am Reiten: Die Pferde wären mental mit uns *verbunden*, Ausbinden, Einrollen und scharfe Gebisse wären unnötig. Auch der Moment des Aufsteigens würde entspannter, die allerwichtigste Voraussetzung wäre vorhanden. Sharon steigt auf kein Pferd auf, das sich nicht „zu ihr lehnt".
Die Szenen, die man meist sieht, stehen für das Gegenteil. Pferde, die nicht zur Aufsteigehilfe wollen, die nicht stillstehen, wegtreten. Das ist nie Zufall. Pferde wissen genau, wie sie sich hinstellen müssen, damit jemand aufsteigen kann – oder eben auch nicht!
Die wichtigste Voraussetzung, um auf ein Pferd aufsteigen zu dürfen, ist Vertrauen, das durch viel bereichernde gemeinsame Zeit entstanden ist. Und es kann auch in diesem Moment noch sehr viel für die Verbesserung der Situation getan werden. Wieder sind die Annäherung bzw. die Vorbereitung auf das Thema entscheidend.

MEINE LEHRMEISTER, DIE PFERDE

Wie sah Tonis Vorbereitung auf das Aufsitzen aus? Ausschlaggebend für gutes Gelingen war neben der Entscheidung für den Reitplatz (den zieht er prinzipiell der Halle vor) in diesem Fall das Vorab-Ritual, ihn nach dem Reinholen ein paar Minuten essen und trinken zu lassen. Toni war es wichtig, kurz daheim ankommen zu können, nicht gleich wieder loszumüssen. Danach putzte bzw. massierte ich ihm mit der Bürste seiner Wahl gezielt die Stellen, die er anzeigte. Diese achtsame Groomingphase hat nichts gemeinsam mit „schnell überputzen, um den Sattel drauflegen zu können". Außerdem wollte er von rechts gesattelt werden und bevorzugte es, wenn man von rechts aufstieg. Zum Ritual gehörte auch, dass er signalisierte, er müsse sich wälzen. Ich nahm ihm den Sattel nochmals ab, er wälzte sich und ließ sich danach wieder satteln (mehr dazu S. 25).

RECHTS ODER LINKS?

Hier möchte ich gern eine interessante Zusammenfassung von Konstanze Krüger und Isabell Marr einfließen lassen: „Wenn das Pferd nun wiederholt feststellt, dass die Situation nicht gefährlich ist, kann es die Lage mit dem rechten Auge und der linken Gehirnhemisphäre genauer analysieren.
Es muss also die Situation wiederholt mit dem linken Auge und der rechten Gehirnhemisphäre abschätzen und erst entscheiden, ob alles in Ordnung ist, bevor es sich mit dem rechten Auge und der linken Gehirnhemisphäre mit den Details und den Anforderungen der Situation beschäftigen kann. Manche Trainer berichten, dass Pferde im Verlauf des Trainings einen stärkeren Vorzug für das rechte Auge und die linke Gehirnhälfte entwickeln. Diese Trainer haben alles richtig gemacht: Ihre Pferde

Ich schütze dich, auch und gerade in diesem sensiblen Moment.

haben gelernt, dass das Training nicht gefährlich ist, und können sich nun mit dem rechten Auge und der linken Gehirnhälfte auf die rationale Betrachtung der zu erlernenden Aufgaben konzentrieren, während das linke Auge/die rechte Hemisphäre wieder frei wird, um die Umgebung im Blick zu behalten."[20]

An der Aufsteigehilfe geht es darum, über kein Nein hinwegzugehen, wieder einen entspannten Nullzustand herzustellen, durch Schutzgesten, Raum teilen, das Baby schaukeln und Kommunikation mit den Buttons.

DIE BUTTONS

Es gibt leider keinen „Aufsteige-Button". Wichtig ist, herauszufinden, welcher oder welche Buttons das Pferd in diesem Moment braucht. Das kann sich auch je nach Tagesverfassung ändern.

Es ist beispielsweise sinnvoll, den *Hüftbutton* zu halten, um *Schutz* anzuzeigen. Der *Gurtbutton* ist hilfreich für ein ruhiges Beisammenstehen, der *Verletzlichkeitsbutton,* weil es eine Situation ist, in der die Themen Verletzlichkeit und Intimität ultimativ im Vordergrund stehen. Auch der *Schulterbutton* mit der Message „Ich bin dein Freund und bei dir" kann eine hilfreiche Aussage sein und letztlich natürlich der *Folge-mir-Button.* Toni massierte ich von der Aufsteigehilfe aus unter anderem sanft den *Mach-Platz-Button* mit der Bitte, seine Defensivität abzulegen.

Futterlob ist, bezogen auf die Aufsteigesituation, differenziert zu betrachten. Es ist eine Sache, einem Pferd durch Leckerli zu zeigen, dass man sich freut, dass man aufsteigen durfte. Oder Leckerli zu benutzen, um ein „Nein" möglichst schnell übergehen zu können. Du findest in Sharons Büchern ausführliche Anleitungen zur Annäherung an das Aufsteigen.

---

[20] Konstanze Krüger / Isabell Marr, Forschung trifft Pferd, Seite 197

EIN EXKURS ZUM THEMA LOB

Rückmeldung bekommen Menschen und Pferde meist nur in Form einer Beschwerde, das Richtige und Gute wird oft stillschweigend hingenommen. Das ist prinzipiell schade, über ein positives Feedback freut sich jeder.

Streicheln an der Brust, dem Sitz des Selbstbewusstseins

Gerade im Zusammenhang mit der Pferdeausbildung wird Lob massiv unterschätzt, denn es beantwortet Fragen. Bekommt ein Pferd eine Rüge für eine „falsche Antwort", weiß es, dass diese nicht richtig war. Aber weiß es, welche die richtige Antwort gewesen wäre? Es gibt tausende Möglichkeiten, Körperteile zu koordinieren. Die richtige sollte sofort und immer wieder belohnt werden – und auch die fast richtige. Das ist ein wenig vergleichbar mit Topfschlagen: Würde hier nur genau die perfekt richtige Richtung bestätigt, man bekäme also kein „lauwarm" als positive Rückmeldung, stünden die Chancen, das Gesuchte zu finden, nicht gut. Bei einigen Pferden ist es durchaus zielführend, eine falsche Antwort zu „übersehen", keinesfalls zu schimpfen. Dann ist es an uns, das Gewünschte noch einmal zu erklären.

DIE BEDEUTUNG DER STIMME

Wissenschaftler bestätigen, wie sehr auch bei Pferden „der Ton die Musik macht". Sie reagieren ebenso wie ein Baby, das ja unsere Sprache auch nicht versteht, positiv auf „Babysprache", also auf hohe Töne beziehungsweise das Anheben der Stimme am Ende des Wortes (kein hysterisches Quietschen) und viele Vokale.

»Es gibt tausende Möglichkeiten, Körperteile zu koordinieren. Die richtige sollte sofort und immer wieder belohnt werden.«

Kirsti

Stephen W. Porges schreibt in seinem Buch „Polyvagal –Theorie und die Suche nach der Sicherheit“: „Wenn wir einer Stimme zuhören, die sehr stark moduliert, aktiviert unser Nervensystem einen Zustand, der mit Sicherheit assoziiert wird ..., und weil wir uns sicher fühlen, können wir zu jemand anderem in physischen Kontakt treten.“ Er beschreibt weiter, dass wir diese Stimme hören *wollen*.[21]

BERÜHRUNG

Ob ein positives Feedback eine Berührung beinhaltet oder nicht oder sogar das Gegenteil, also mehr Raum gibt, hängt vor allem von der Persönlichkeit ab, die ich vor mir habe. Ein Vorschlag als Belohnung: ausatmen, wegtreten/Raum geben. Das ist für mehr Pferde als man denkt ein größeres Lob, als es in irgendeiner Weise zu streicheln. Misstrauischere Zeitgenossen können eine Berührung mit dem Handrücken übrigens oft besser ertragen als mit der Handinnenfläche. Auch Streicheln über die Distanz ist eine gute Option, wie auch ein liebevolles Am-Hals-Riechen: „Ich kann dich gut riechen.“

MEINE LEHRMEISTER, DIE PFERDE

Toni „stirbt“ dafür, wenn ich ihn aus ganzem Herzen, mit eher heller Stimme, lobe und ihm dabei auch noch ehrlich begeistert über die Brust streichle. Ist ein Mensch oder auch ein Pferd in Sichtweite, dann wächst er förmlich, sein Blick sagt: „Hast du das gehört? *Ich* bin für sie der Tollste.“ Könnte er, würde er sich wie Tarzan auf die Brust trommeln. Die Brust steht für das Selbstbewusstsein. Viele Pferde zeigen diesbezüglich eine verkümmerte Haltung, nehmen nicht wirklich ihren Raum ein. Das kann man durch ehrliches Lob ändern.

Als ich bei Toni das seitliche Vergrößern zum Thema machte, war Frühling. So ergab es sich, diese Lektion im Tausch zu erarbeiten. Ich bat ihn um einen Schritt seitwärts und belohnte ihn anfangs für jeden richtigen Gedanken. Die Belohnung fand in Form eines ausführlichen Kratzens am Widerrist statt: Ein astreines *My turn, your turn* ist entstanden.

Es gibt also einige wirklich gute Möglichkeiten, einem Pferd zu zeigen, dass man es mag oder dass es etwas richtig gemacht hat.

[21] Stephen W. Porges, Polyvagal –Theorie und die Suche nach der Sicherheit, Seite 59–61

FUTTER UND ZERO

Wie ist es nun mit Futter? Fressen bzw. Kauen hat sicher eine beruhigende Wirkung, dennoch lohnt es sich, die Wirkung, von hochkalorischem Futterlob kritisch zu betrachten. Der Wunsch, diese wertvolle Ressource unbedingt zu bekommen, versetzt das Pferd in Aufregung – positive Aufregung, aber Aufregung. Das heißt, es verlässt den *inneren Nullzustand*.
Der Mensch wird zwar zum „begehrten Futterautomaten“, aber Zuneigung, Achtung und Vertrauen erarbeitet man sich anders. Oft bekommt das Pferd nicht einmal Zeit aufzuessen, bevor die Zügel wieder aufgenommen werden und es weiterpiaffieren soll.

MEINE LEHRMEISTER, DIE PFERDE

Als ich nach eineinhalbjähriger Vorbereitung das erste Mal auf Toni aufsteigen wollte, hatte ich mir tatsächlich halbherzig eine Schüssel vorbereitet, um ihn (hinterher!) für diesen besonderen Moment belohnen zu können.
Die Zeit von Annäherung und Rückzug auf und um die Aufsteigehilfe herum einschließlich viel Raum teilen, Buttons halten und auch Streicheln führte zu einem tollen, entspannten Nullzustand, an dem auch mein *Hot potato*-artiges Aufsteigen nichts geändert hatte. So entschied ich mich, ihm die vorbereitete Schüssel nicht zu geben. Es hätte erstens zu unnötiger Unruhe geführt, der entspannte Moment wäre zerstört gewesen, und zweitens hätte er künftig ungehalten darauf aufmerksam gemacht, dass jetzt die Phase mit der Schüssel zu folgen hätte.

HINGABE FÜR HERGABE?

Ich finde es einen Gedanken wert, sich zu überlegen, wie weit man die Bedeutung von Futter als etwas für ein Pferd Lebensnotwendiges ausnutzt.
Oft werden Pferde, die nicht zur Aufsteigehilfe wollen oder an ihr immer den entscheidenden Schritt zurück oder zur Seite treten, mit Leckerli „überredet“, es doch zu tun bzw. es schneller zu tun. Letztlich geht es hier doch darum, sich von einem Fremden oder jemandem, dem man nicht vertraut, im Tausch für Schokolade, Geld oder eben ein Leckerli anfassen oder gar reiten zu lassen. Ich denke, es ist ein wesentlicher Unterschied, ob man ein Pferd hinterher für etwas belohnt, was es gut gemacht hat, oder es vorher damit übertölpelt. Es gibt immer wieder Fälle, in denen es sich rächt, die Abkürzung des Fütterns genommen zu haben, statt sich viele Tage oder Wochen Zeit zu lassen, bis das Pferd sagt: „Ja, du darfst aufsteigen.“

KÖRPERLICHE DYSBALANCE BEIM AUFSTEIGEN

Gerade im Moment des Aufsteigens ist ein tiefes *Zero* an einem *sicheren Ort* der Ablenkung durch Leckerli vorzuziehen! Letzteres führt nicht nur mental zu Aufregung, also Dysbalance, sondern oft auch körperlich. Besonders junge Pferde drehen sich gierig nach der Belohnung zum Reiter auf dem Rücken um und verlieren ihre Balance – kein guter Beginn für eine Reiteinheit, oder?

FEHLENDE KLARHEIT

Bei der Handhabung des Themas Leckerli wird der Mensch oft unklar. Mal gibt es Leckerli, mal nicht – das Pferd ist enttäuscht, der Mensch genervt, wenn das Pferd nachfragt, vielleicht sogar schnappt. Verwirrung von Seiten des Pferdes ist entstanden. Ich bestätige bei einigen Pferden körperlich

Die Brust ist ein guter Platz für liebevolles Loben.

Halten des Schulterbuttons als Lob

> *»Ein Pferd, das unter Einsatz von Sporen und scharfen Gebissen zu einer Lektion oder einem Sprung gezwungen wird, wird sich im Anschluss sicher auch über ein Leckerli freuen, sich aber dennoch nicht mit dem Reiter verbinden.«*
>
> *Sharon*

anstrengende „Lektionen" mit Leckerlis, ansonsten habe ich es mir abgewöhnt. Es gibt auch nichts mehr beim Holen von der Koppel. Das kann zu Stresssituationen führen, weil andere Pferde eifersüchtig werden, und verfälscht die Annäherung und Begrüßung.

VORWÄRTS DENKEN

Teilweise wird auch beim Reiten mit Leckerli belohnt. Das führt oft dazu, dass die Pferde den Vorwärtsgedanken verlieren, ständig nach hinten denken. Eine nicht unerhebliche Nebenwirkung, die man sich (je nach Pferdetyp) gut überlegen sollte.

Auch wenn ich jetzt viele Gegenargumente aufgeführt habe, spricht natürlich nichts dagegen, das Pferd durch Futter zu bestätigen, wenn die Grenzen wirklich klar sind, ein gutes Verhältnis vorhanden ist. Ich denke hier an Situationen, in denen es um nicht so viel geht, wie z. B. das Betreten des Putz- oder Waschplatzes. Wirklich essenziell ist aber die *immer* liebevolle faire Behandlung.

Letztlich sollte Reiten doch etwas sein, was dem Pferd auch Freude bereitet, eine Belohnung also unnötig macht.

REITEN FÜR DAS PFERD

Durch die Beschäftigung mit der Pferdesprache ändert sich deine Beziehung zu deinem Pferd, es wird immer mehr zu einem guten Freund auf Augenhöhe. Du kannst nicht mehr über seine Bedürfnisse und Sorgen hinweggehen, sie „nicht sehen". Unweigerlich stellst du dir irgendwann die Frage, ob es überhaupt in Ordnung ist, zu reiten?

Mentale Verbindung, nur das Gewicht der Zügel in der Hand

Ich möchte ganz ehrlich sein: Denke ich an den „Reit-Sport", dann wäre meine Antwort (inzwischen) ein klares Nein, ganz gleich welche Sparte. Wettkampf um Noten und eventuell auch Zeit führt (fast) immer zu unschönen Bildern. Natürlich kann ein Mensch sich selbst Training jeglicher Art auferlegen. Reiten ist aber die einzige „Sportart", in der ein zweites Lebewesen beteiligt ist, welches kein Mitspracherecht hat.
Es lohnt sich zu hinterfragen, warum man reitet – immer wieder. Weil es schick ist und einen gut aussehen lässt? Um Macht ausleben zu können? Um beschäftigt zu sein? Als Entspannung nach der Arbeit? Dann geht es immer um uns. Viele würden wohl antworten: „Weil ich Pferde liebe." Ist dem wirklich so, sollte man bereit sein, sehr viel über Pferde zu lernen, um sie auf eine pferdegerechte Art reiten zu können. Reiten, um das Pferd nicht nur körperlich schöner, sondern auch glücklicher und selbstbewusster zu machen, immer unter der Prämisse, dass beide Freude an der gemeinsamen Zeit haben, ist für mich *die* Grundlage, ein Pferd als Reitpferd auszubilden.
Einige (wenige) Pferde wollen sicher gar nicht geritten werden.

WAS IST REITEN EIGENTLICH?

Im Optimalfall ist „Reiten" sicherlich ein Wechsel zwischen *Spiegeln* und *Copycat*: Um das Pferd dort abzuholen, wo es sich gerade befindet, versuchen wir das Pferd zu sehen und uns anzupassen (spiegeln). Daraus kann eine positive *Verbindung* entstehen, welches die beste Voraussetzung darstellt, um dann Vorschläge einbringen zu können mit der Bitte, dass das Pferd nun uns spiegelt (*Copycat*). Das ist Hilfengebung. So wird Reiten wirklich zum Dialog. Beide dürfen Vorschläge machen: *My turn, your turn.* Man könnte es auch eine „Zweirichtungsstraße" nennen, im Gegensatz zu einer Einbahnstraße.

»Wo das Reden aufhört, beginnt die Gewalt.«

Hannah Arendt

Auch im Sattel nie aufzuhören zu kommunizieren, darum soll es gehen. Ganz besonders für langjährig versierte Reiter ist es die größte Herausforderung, auch *auf* dem Pferd umzudenken. Ich schließe mich da nicht aus.

Reiten sollte eigentlich so etwas wie „die schönste Nebensache der Welt" sein. In Wirklichkeit ist es oft eine stressbehaftete Situation, das spiegeln beide Beteiligten in ihrer Körpersprache. Das Ziel von Horse Speak im Sattel ist es, dass Pferd und Mensch Freude haben an dieser wundervollen Gemeinschaftsaktivität.

Pinselnde Schweife, zusammengekniffene Mäuler, verspannte Kiefer und vieles mehr sprechen eine eindeutige Sprache, die wir nicht ignorieren sollten. Wird all dies tagtäglich übersehen, dem Ausdruck in Gesicht und Körper des Pferdes nicht geglaubt, potenziert sich der Stress, bis das Pferd nicht mehr kann und sich alles entlädt.

Warum schreibe ich das alles? Es geht darum, sich nochmals bewusst zu machen, warum es auch und gerade im Sattel (zunächst) vorrangig darum geht, (wieder) ins *Zero* zu gelangen, jeder für sich und gemeinsam. Aus diesem entspannten Zustand heraus lässt sich wunderbar wirklich lernen, also verstehen statt zu „funktionieren", und im Weiteren auch auf gute Art die Energie/Gangart und Aufrichtung erhöhen sowie Muskulatur aufbauen.

Copycat: Meine Körpersprache bietet ein Vorwärts-abwärts an.

Brilli nimmt dies an, fällt nicht aus, wird nicht schneller.

Er galoppiert taktmäßig weiter, immer vertrauensvoll zur Hand suchend, die Biegung bleibt erhalten.

HORSE SPEAK – KOMMUNIKATION IM SATTEL

Zum Thema Reitersitz gibt es großartige Literatur. Bei Horse Speak im Sattel geht es darüber hinaus um die Betrachtung der mentalen Seite: Was wünscht sich das Pferd?

DER SITZ

Zwei Dinge sind wesentlich bezüglich des Sitzes: dass beide Beteiligten sich wohlfühlen und dass die Kommunikation (Hilfen) gelingt. Sharon sagt dazu: „Pferde nutzen das Spiegeln als primäre Form der Körpersprache. Wenn wir reiten, wird ihr Körper versuchen, unseren zu spiegeln. Jede Bewegung, die wir machen, wird das Pferd versuchen zu übersetzen, solange wir uns unseres Körpers in seiner Gesamtheit bewusst sind. Wenn wir aber einzelne Vorgänge separieren, zum Beispiel gerade zu sitzen, steif in unseren Armen und Händen werden und schließlich nicht atmen, werden sie das auch spiegeln.“ Das Geheimnis von Horse Speak auf dem Pferd ist, in einer Art „Body Scan“-Zustand zu bleiben, also ganz und bei dir. Dann können die Pferde auch ganz und bei sich bleiben.

O-Haltung im Oberkörper: Achselhöhlen, Ellbogen, Handgelenke, Finger

Sharon geht es darum, das Reiten nicht von außen, sondern von innen heraus zu verstehen, oder anders gesagt: Die äußere Form nicht über das zu setzen, was dem Pferd wichtig ist. Hier kommen die Werte ins Spiel: *Sicherheit, Verbindung und Wohlbefinden* sind einem Pferd sicherlich wichtiger, als ein nach Lehrbuch perfekter Sitz ohne innere *Verbindung*. Natürlich kann man dennoch an Sitzthemen gezielt arbeiten, der Erhalt des gemeinsamen *Nullzustandes* und das Gefühl einer Einheit sollte aber im Vordergrund stehen.

Die Basis dafür ist ein dem Ausbildungsstand und dem Geisteszustand angepasster Grad der *O-Haltung*, eine gewisse Entspannung also. Sie ermöglicht dir, im Sattel mit deinem Pferd eins zu werden. Es geht wieder um eine *gute Banane*. Auch wir müssen entspannt und „über den Rücken“ sitzen, die Haltung einnehmen, die für unsere Pferde gesund und angenehm ist. Dann werden sie das spiegeln. Sharon beschreibt das so: „Dein Schambein in einer Aufwärtsbewegung Richtung Kinn zu aktivieren, führt zu einer ‚O-Haltung‘, die deinen unteren Rücken dehnt, rundet und entspannt.“

Diese Stellung des Beckens befähigt uns, die Bewegungen des Pferdes in uns aufzunehmen und zu spiegeln: *Gleichschritt* aus dem Sattel. Ein Hohlkreuz macht das unmöglich: Das Becken ist fixiert. Bewegung ist dann, ebenso wie bei Pferden in einer absoluten Aufrichtung, nur „nach hinten hinaus" möglich.

DER TEAMBUTTON (GURTBUTTON)

Verbundenheit durch *Gleichschritt* ist der erste wichtige Schritt, das Wissen über den *Gurtbutton* kann helfen, das noch zu vertiefen: Wir sitzen auf dem Pferd sehr nah am *Fellpflegebutton*, aber auch im Gurtbereich, also d e m Bereich, der bei Pferden für „Teambildung" steht. Durch die Verbindung der Gurtbuttons ist es Pferden möglich, sich ähnlich wie ein Fisch- oder Vogelschwarm in Harmonie zu bewegen und dies auch in Wendungen zu halten. Sharon beschreibt dies als eine „emotionale Abmachung": Wir sind ein Team und bewegen uns gemeinsam vorwärts, rückwärts, seitwärts, schneller, langsamer. Sind wir Menschen uns dieser Abmachung nicht bewusst, gibt vielleicht jeder auf seine Art sein Bestes, das Ideal einer Einheit werden wir aber nicht erreichen.

Gemeinsames Gleichgewicht: Mittig über dem Fellpflegebutton, inneres Bein am Teambutton, äußeres schützt am Verletzlichkeitsbutton

WIE KOMME ICH KÖRPERLICH IN EINKLANG?

Beobachte das abwechselnde Vorschwingen der Pferdeschultern und passe dich diesen (gedanklich) mit deinen Knien an – zunächst zur Bewusstwerdung etwas deutlicher, dann immer natürlicher, „nebenbei". Die Einheit, die hieraus entsteht, gehört für Pferde zu den Dingen, die wirklich zählen. Durch das Mitgehen der Knie mit den Schultern des Pferdes entsteht auf unkomplizierte Art das Eingehen des Beckens in die Bewegung der Hinterhand.

DER ATEM

Neben Flexibilität ist auf dem Pferd auch eine natürliche Stabilität notwendig. Eine Möglichkeit, dies ohne Verspannung zu unterstützen, kann der Atem sein. Interessant ist es, sich einmal bewusst zu machen, *w i e* eigentlich geatmet wird. Dr. Markus Klingenberg erklärt: „In der Medizin nennen wir es paradoxe Atmung, wenn Menschen zuerst in den Brustkorb und dann in den Bauchraum atmen. Eigentlich sollte es andersherum sein, wie bei einem Glas Wasser. Das wird erst unten voll und dann oben. Die Zwerchfellatmung lässt Luft sehr viel tiefer vordringen. Dabei drückt sich das Zwerchfell nach unten und die Bauchdecke dehnt sich. Dadurch hat die Lunge mehr

Durch die Aktivierung der Achselhöhlen kommuniziert der ganze Körper.

Platz, sich in die Tiefe auszubreiten und kann Luft bis in ihre Basis lassen.“[22]
Schenke dem Ausatmen etwas mehr Aufmerksamkeit, verlängere es tendenziell etwas nach unten und damit auch deinen Rücken. Das Einatmen geschieht von selbst.

DIE ACHSELHÖHLEN

Strömt der Atem so in den sich ausdehnenden Brustkorb, entsteht auf entspannte Art und Weise eine aufrechte, weite und stolze Körperhaltung mit gelösten Achselhöhlen. Sharon legt viel Wert auf die geöffneten Achselhöhlen. Warum? Weil ein Zusammenhang besteht zwischen den Achselhöhlen und der inneren Rumpfmuskulatur, dem sogenannten Körperkern („Core“, Bauchmuskeln, Rückenstrecker, Beckenbodenmuskulatur). Dieser überträgt Kraft vom Ober- zum Unterkörper und umgekehrt. Die Core-Aktivierung ist also Voraussetzung für fast jede Bewegung. Sharon beschreibt das so: „Wenn wir die Achselhöhlen öffnen, hebt sich die Brust, auch der Psoas (Hüftbeuger) hebt sich, der quer verlaufende Bauchmuskel wird angesprochen, der Beckenboden aktiviert. Entstehen deine Bewegungen dagegen aus den Schultern, ist der Rest des Körpers nicht involviert, es ist eine isolierte Bewegung, das Gefühl geht verloren. Nur wenn die Achselhöhlen aktiviert sind und die Handgelenke entspannt, ist optimale Kommunikation mit den Händen und ihren 17.000 Rezeptoren möglich. Durch die Aktivierung der Achselhöhlen spricht der ganze Körper zu den Zügeln oder dem Strick.“
Auch Steinbrechts „frei getragene Arme“ sind eine Erwähnung wert, mitsamt einem guten Vergleich: „... wie der Kellner ein Tablett mit gefüllten Gläsern nicht mit angeschlossenen Ellenbogen, sondern mit frei und weich gehaltenem Arm balancieren wird.“[23] Die „angeschlossenen Arme“ gehen mit geschlossenen Achselhöhlen einher. Das ist ziemlich spannend: Ich habe vor kurzem

[22] Dr. Markus Klingenberg, Artikel „Durchatmen für mehr Leistung“, 2018-10-3.pdf

[23] Gustav Steinbrecht, Das Gymnasium des Pferdes, Seite 40

zwei Tassen durch das Haus nach oben getragen. Unter einem Arm hatte ich meinen Laptop eingeklemmt, aus dieser Tasse habe ich immer wieder ein bisschen verschüttet, aus der anderen Tasse gar nichts, obwohl diese sogar voller war.
Die gelöste Achselhöhle macht uns also eine feinmotorischere Koordination der Hand möglich. Ein Gelenk (in einer Gelenksendstellung) zu fixieren, überträgt sich unweigerlich auf den gesamten Körper und limitiert Kommunikation.
Relativ häufig betroffen sind auch die Ellbogen. Oft sieht man aus der ehrenwerten Motivation „gebender Hände" heraus durchgestreckte Ellbogen. Das wirkt sich extrem negativ auf die Hand aus, sie wird unbeweglich, die Kommunikation ist eigentlich gekappt. Den Unterschied zu entspannt am Körper hängenden Ellbogen (heavy elbows) kannst du sofort spüren. Probiere es jetzt in deinem Sessel daheim aus. Verlängere also auf dem Pferd lieber das Zügelmaß so, dass deine Ellbogen locker abgewinkelt neben deinem Körper bleiben können.

HANDGELENKE UND FINGER

Auch abgeknickte Handgelenke sind, wie bei einem geknickten Kabel, das Ende der Kommunikation. Sie erzeugen zudem schwere Schultern – zuerst bei dir, dann auch bei deinem Pferd. Natürliche weiche Handgelenke dagegen (die Fingernägel „denken" zum Bauch) geben diese „Leichtigkeit" sowohl nach oben in Arme, Achselhöhlen und Schultern als auch in die Finger weiter. Die Finger sind unsere direkte Verbindung zum Maul. Die kleinen Finger spielen in diesem Zusammenhang eine wichtige Rolle: Ein aktivierter, schöpfender kleiner Finger stellt gelöste Achselhöhlen sicher.
Eine entspannte, etwas breitere Faustführung ist dem ganzen zuträglich.
Bezüglich der Finger schreibt Steinbrecht: „Die Faust ist halb geöffnet, sodass nur der Daumen und Zeigefinger das Ende der Zügel halten, der kleine und vierte Finger aber nicht geschlossen werden (leichte Anlehnung)."[24] Die beschriebene Handhaltung lässt Kommunikation zu. Ist es einmal nötig, können wir die Hand aus dem kleinen Finger schließen – voilá, Piano-Finger im Sattel. Sie stehen für mich für Kommunikationsbereitschaft.

»Piano-Finger helfen, weg vom ‚Greifen' zu kommen. Sie erzeugen eine weiche Verbindung und einen guten Flow.«

Sharon

Gelöste Achselhöhlen machen sanft kommunizierende Finger möglich.

[24] Gustav Steinbrecht, Das Gymnasium des Pferdes, Seite 38

»Das Ziel von Horse Speak ist, dass wir auf das achten, was tatsächlich passiert, anstatt darauf, was wir denken, das geschieht!«

Sharon

VOM DENKEN ZUM FÜHLEN

Bevor wir uns Horse Speak im Sattel noch konkreter ansehen, ist eine kurze Begriffsklärung wichtig.
Jegliche Kommunikation mit dem Zügel, die Sharon anbietet, läuft unter dem Begriff *Yogazügel.* Zu unterscheiden sind dann

— **der Begrüßungszügel**, auch *Hallo-Zügel* genannt,
— **der Yogazügel** an sich, auch unter dem Namen *Hoch-und-Rüber-Zügel* angesprochen und schließlich
— **der schöpfende Zügel.**

Die Gefahr ist, dass wir sofort versuchen, die Yogazügel mit etwas abzugleichen, was wir bereits kennen: „Aha, der Yogazügel entspricht dem öffnenden Zügel und der schöpfende Zügel dem annehmenden Zügel." Nein, so ist es nicht (ganz). Die Idee der Yogazügel ist prinzipiell erst einmal, wegzukommen von schematischen Hilfen und wieder hin zu Kommunikation. Daraus können dann wieder „Hilfen" (kommt von helfen, nicht von funktionieren) entwickelt werden.

Ich finde es hilfreich und sinnvoll, sich die weitere Kommunikation im Sattel im „Alltag" anzusehen.

Eine Frage der Höflichkeit: Begrüßen von oben

Freundlich angefragt: Wollen wir starten?

Eins werden durch die O-Haltung

REITEN IN DER PHILOSOPHIE VON HORSE SPEAK

Nach dem Aufsteigen sitzt du nun glücklich und dankbar auf deinem Pferd. Du hast dir Gedanken zum Atmen gemacht und wie du mit deinem Pferd in Einklang kommst. Und nun?

Lenke deine Aufmerksamkeit im Weiteren immer wieder zu deinen Zehen. Liegt dein Gewicht mehr auf dem Großzeh, machst du „zu“. Die Betonung auf dem kleinen Zeh öffnet dich und hilft so deinem Pferd, sich auszudehnen und zu schwingen.

O-HALTUNG

Versuche nun zunächst, den „Sitz nach Lehrbuch“ zu vergessen. Atme durch und lass deinen unteren Rücken lang werden, dein Sitz darf etwas einem Kartoffelsack gleichen. Diese *O-Haltung* zeigt deinem Pferd, dass du entspannt bist, und lädt es ein, dir in ein gemeinsames *Zero* zu folgen.

ZÜGELGLEITEN

Statt die Zügel in der gewünschten Länge zu „ergreifen“, ist es angenehmer für das Pferd, mit der Hand von der Schnalle nach vorne Richtung Maul zu gleiten. Das ist auch zwischendrin eine schöne Vorgehensweise, um Zügel zu nachzufassen. Es hat eine entspannt vorbereitende Wirkung.

DER BEGRÜSSUNGSZÜGEL

Die *Zombiehände*, eine Zügelführung mit nur angedeuteter Faust, den Handflächen gedacht nach unten (*Palm down is calm down),* könnte man als die „neutrale Nullposition" einordnen, die Basis, für den *Yogazügel* wie auch den *schöpfenden Zügel.*
Besonders gestresste oder auch junge Pferde sind zuerst vielleicht gar nicht in der Lage, dir so weit in die Entspannung zu folgen (*Folge-mir-Button*), dass sie dir auch nur die Backe zuwenden können. So hat es sich bewährt, vom Rücken aus erst einmal „Hallo" zu sagen. Es entsteht eine bereichernde Unterbrechung, das Pferd kann die Situation „Mensch sitzt jetzt auf meinem Rücken" verarbeiten. Zudem lässt es sich auch als eine Frage der Höflichkeit bewerten, vom Rücken des Pferdes nochmals zu grüßen.
Um zu grüßen, hebst du aus gelöster Achselhöhle, gebeugtem Ellbogen und entspanntem Handgelenk einen Zügel an und lässt ihn wieder sinken, gerne auf beiden Seiten (bis zu) dreimal. Achte auf die Reaktionen deines Pferdes, lass die Bewegung also nicht mechanisch werden.
Dieses erste Gespräch von oben zeigt deinem Pferd auch, dass der Zügel an sich nicht gleichbedeutend ist mit Stress oder gar mit Schmerzen, sondern lediglich Kontakt und Kommunikationsmöglichkeit darstellt.
Lässt du ihm Zeit, diese Anfrage zu verarbeiten, bekommst du oft weitaus mehr Reaktion auf diese anscheinend leise Kontaktanfrage, als du es erwarten würdest. Das könnte sein: das Drehen eines Ohres zu dir, ein Durchschnaufen oder das Sinken des Kopfes, auch ein Kauen oder eine Kombi all dessen.
Der *Begrüßungszügel* ist eine gute Vorbereitung auf den *Yogazügel,* den wir gleich zum Angehen brauchen. Aber zunächst geht es darum, das Pferd darauf vorzubereiten, dass Zügel aufgenommen und bewegt (also Gespräche geführt) werden, aber kein Grund besteht, kopflos durchzustarten. Das Gegenteil ist gewünscht: abwarten und zuhören, um was es genau geht.

Begrüßungszügel – Brilli schenkt mir sein rechtes Ohr.

DEN GEIST DES PFERDES ÖFFNEN

Der *Yogazügel* ist im Grunde eine Tai-Chi-Bewegung. Sie startet aus den Achselhöhlen und geht über den Ellbogen zum Handgelenk in die Finger. Mittels des *Yogazügels* können wir einige Themen ansprechen, etwa Raum, Richtung, Bewegung und auch Verbindung, Vertrauen, Entspannung. Oft erklärt er die Situation beziehungsweise unsere Absicht, um welches dieser Themen es gerade gehen soll. Manchmal reden wir aneinander vorbei: Du wolltest zum Beispiel nur fragen, ob das Pferd bereit ist, dir im Stehen in die Entspannung zu folgen, also das Genick zu lösen. Das Pferd hat sich aber in Bewegung gesetzt, weil es deine Dosierung als Bitte, auch sein Bein zu bewegen, gedeutet hat. Das ist nicht schlimm. Es ist alles („nur") Kommunikation, nichts ist in dem Sinne „falsch" oder „richtig". Das gilt insgesamt für alle *Yogazügel*, die Frage ist immer: *„Fühlst du das?"* Darauf gibt es keine falsche Antwort.

Der *Yogazügel* stellt zunächst eine geistige Vorbereitung auf die Zügelhilfen dar. Es ist aber auch bereichernd, die Vorstellung des Yogazügels beim Reiten beizubehalten. Er löst unseren Körper, angefangen aus Backe, Hals und Schulter, und lässt unseren Atem besser fließen. Das führt zu einer Hilfengebung, die Pferde gut annehmen können. Es entsteht kein Druck oder Zug, den sie unweigerlich mit Druck oder Zug beantworten.

Es geht bei der Idee des *Yogazügels* nicht um ein „Nachgeben" vonseiten des Pferdes, es handelt sich vielmehr um eine Einladung, der das Pferd folgen kann oder auch nicht (*Folge-mir-Button*). Vielleicht kannst du eine „negative" Antwort als Chance sehen, eure *Verbindung* nochmals zu verbessern, durch einen schönen, bereichernden Moment. Das kann das Halten des *Fellpflegebuttons* direkt vor dir am Widerrist und gemeinsames Atmen sein oder auch eine Schutzgeste am *Hüftbutton* direkt hinter dir oder vieles mehr.

TROCKEN ÜBEN

Ich empfinde es als hilfreich, die Bewegung des *Yogazügels* zunächst trocken zu üben. Du stellst dir vor, Daumen, Zeigefinger und Mittelfinger heben einen Faden an, zuerst aus dem *Backenbutton,* als Zweites aus dem *Mittelhalsbutton* und dann aus dem *Schulterbutton.* Führe ihn zur Seite. Stell dir dabei unbedingt vor, du bewegst dich durch Wasser, das macht deine Bewegungen weicher und fließender. Ein geniales Bild von Sharon wäre auch: *Stell dir vor, du hebst einen nassen Lappen auf und legst ihn ein wenig daneben wieder ab.* Dieses Bild hilft dir, bewusst zu machen, dass die „Führung" dieser Bewegung aus dem weichen Handgelenk entsteht, nicht aus der Hand. Das ist wichtig, denn wenn das Handgelenk fest ist, überträgt sich das auf deinen ganzen Körper.

MEINE LEHRMEISTER, DIE PFERDE

Der *Yogazügel* ist im Übrigen d i e „Basis-Kommunikation", zu der man in schwierigen Momenten immer zurückkommen kann: Brilhante, mein iberischer Warmduscher, und ich haben (beziehungsweise mehr „hatten") im Winter immer wieder kleinere Krisen durchzustehen. Ich habe die Erfahrung gemacht, dass es an einem windigen, kalten Tag einen Unterschied macht, ob ich einfach am langen Zügel losreite oder nach dem Aufsteigen, im Stehen, erstmal mit dem *Yogazügel* beginne.

Der Yogazügel schafft an schwierigen Tagen Verbindung.

ANREITEN

Jeder, der schon Pferde angeritten hat, weiß, dass es gar nicht so einfach ist, ein (Jung-) Pferd von oben, ohne eine Hilfsperson am Boden, in Bewegung zu setzen, auch wenn alle Hilfen vorab am Boden erklärt wurden. Den Schenkel an das Pferd zu nehmen, löst zwar eine Kontraktion der Bauchmuskeln aus, wird vom Pferd aber nicht automatisch mit „Bewegung" übersetzt.
Der *Gurtbutton* wird zwar in der Kommunikation (am Boden) unter Pferden aktiviert, um (gemeinsame) Bewegung zu generieren, aber denkst du einmal an die einzige Situation, in der ein Pferd seine Beine tatsächlich von oben um den Pferdeleib (Bereich zwischen *Verletzlichkeitsbutton* und *Gurtbutton)* schlingt, dann ist das der Deckakt. Der Hengst möchte sich verbinden, aber keine Bewegung, im Gegenteil: Er bedeutet der Stute, still bei ihm stehen zu bleiben. Das wünschen wir uns beim Aufsteigen.
Um anzureiten, ist es nun sinnvoll, nicht alleine den Gurtbereich anzusprechen, sondern die Kommunikation über die drei Buttons *Backe-Hals-Schulter* zu starten und so vielleicht auch eine gewisse „Erstarrung" zu lösen. Die von vorn eingeleitete Kommunikation vervollständigst du dann durch einen Impuls am *Gurtbutton*, gerne kombiniert mit einer ermunternden Stimmhilfe, die am Boden schon eingeführt wurde. Der *Gurtbutton* ist eine Aufforderung, zusammenzubleiben – beim Aufsteigen im Stehen und jetzt im Gehen. So startest du nun (gedanklich) auf einen Halbkreis, das liegt in der Natur des Pferdes und kann so wenig und beiläufig sein, dass es kaum auffällt.
Dein Blick ist über die Ohren des Pferdes auf die geplante Linie gerichtet, zum Beispiel die nächste Ecke beziehungsweise der erste Hufschlag oder woanders hin. Der Blick gibt Klarheit. Versuche aber dennoch, flexibel zu sein, dein Pferd in seinen Bedürfnissen zu sehen und im Gespräch zu bleiben. Manchen Pferden tut es gut, sich alles nochmals mit etwas Abstand zum ersten Hufschlag ansehen zu können. Nach und nach ist es dann kein Problem mehr, das Außen einzunehmen. Die grundsätzliche Abmachung *My turn, your turn* bleibt erhalten.

DER YOGAZÜGEL

Zurück zum Yogazügel sehen wir uns diese Kommunikation nochmals im Detail an. Die Bewegung des *Yogazügels (Backe-Hals-Schulter)* geht von vorne nach hinten durch das Pferd und dich durch. Am Gurtbutton fängst du sie auf und schickst sie zurück nach vorne.

01

02

01 Anfrage an den Backenbutton: Bist du bereit, mir zu folgen? Ja!

02 Und der Mittelhalsbutton? Der auch. Und ich würde auch losgehen.

Im Grunde genommen kannst du ein Pferd (gedanklich) von jedem Button nach vorn reiten, später mit mehr Versammlungsfähigkeit auch vom *Spring-auf-* oder *Setz-dich-Button*. Zunächst beginnst du aber von vorn, durch die Buttons zu gehen. Finde heraus, welche Fragestellung bei deinem Pferd am besten ankommt.

1. Kannst du aus *Backe-Hals-Schulter* und *Gurtbutton* (Teambutton) nach vorne angehen?
2. Kannst du vielleicht auch aus *Backe-Hals-Schulter* und *Hüftbutton* (Schwung und Schutz) nach vorne angehen?

Und natürlich wird es auch Tage und Anfragen geben, die das Pferd mit „Nein, kann ich nicht“ oder „Nur, wenn ich das Genick so schief halte“ beantwortet. Auch das ist eine Aufgabe des *Yogazügels*: Herauszufinden, wo das Pferd fest ist, eventuell auch so fest, dass es nach weiteren Anfragen bei seiner Antwort bleibt und du entweder zurück musst zur Gymnastik am Boden oder gegebenenfalls auch mal einen Therapeuten hinzuziehen. Manchmal reicht gutes Reiten nicht. Im Allgemeinen ermöglicht uns der *Yogazügel* aber einen entspannten Start in natürliche gemeinsame Bewegung.

MEINE LEHRMEISTER, DIE PFERDE

Toni war wohl vor meiner Zeit, als er geritten wurde, mit dem Schenkel und auch mit der Gerte kaum zum Angehen zu bewegen gewesen. Durch die Vorarbeit war ein besseres körperliches und seelisches Wohlbefinden erreicht worden. Ich sorgte für seine Sicherheit und hatte Verbindung aufgebaut. So folgte er meiner Anfrage anzugehen, eingeleitet durch den Yogazügel und meinen Schenkel, problemlos.

SCHRITT AM LANGEN ZÜGEL

Während der ersten Runden „Schritt am langen Zügel“ und in Schrittpausen, aber auch in Stressmomenten, denke an die *Palm down is calm down*-Handhaltung. Besonders junge Pferde und besonders im Schritt am langen Zügel und auch im Galopp haben sie (noch) eine deutliche Halsbewegung. Nehmen wir die Zügel einfach kurz, stören wir diese. Das macht sich durch Verspannungen im gesamten Pferd bemerkbar.

Eine korrekte, stetige, weiche Anlehnung kommt zustande durch das Eingehen der Hände beziehungsweise Arme des Reiters in die Nickbewegung des Pferdes. Der Zügel „schlabbert“ nicht mehr, wir stehen in *Verbindung*, das Pferd ist in seiner Bewegung dennoch nicht eingeschränkt. Schön, wenn sich das Äußere auf das Innere überträgt

Entspannt schreiten: Palm down is calm down am langen Zügel

und wir uns auch innerlich auf wahre *Verbindung* einlassen. Sie gehört für Pferde zu den wichtigsten Werten, auch und gerade, wenn wir auf ihnen sitzen. Und darum geht es doch: Zugang zu haben, mental und körperlich. Dann schenkt uns das Pferd den „hergegebenen Rücken", die „nach vorn schwingende Hinterhand", das „Zur-Hand-suchende Maul".

Sharon sagt: „Entspanne als erstes Backe, Hals und Schulter mit einem großen, öffnenden Zügel. Auch wenn Pferde kurzfristig auf der Vorhand laufen, kümmert mich das nicht, weil sie Öffnung erfahren."

Das lockere Pferd setzt uns genauso hin, wie es Sinn ergibt, und lädt uns ein, mit ihm zu sein und zu schwingen. Hier entsteht der Übergang vom Gleichschritt zur Hilfengebung.

SINNVOLL TREIBEN

Auch aus rein „handwerklicher" Sicht ist es geradezu elementar, immer zu wissen, in welcher Phase die beiden Hinterbeine gerade sind, um in die Bewegung des Pferdes eingehen zu können – es also zunächst „nicht zu stören", sich vielmehr zu verbinden und im Weiteren sinnvoll treiben zu können. „Sinnvolles Treiben" geschieht in dem Augenblick, in dem das Pferdebein gerade abfußt. Sowohl in der Schwebephase wie auch der Landephase ist es zu spät, das Pferd kann nichts mehr verändern. In der Phase

Sinnvolles Treiben mit langem Bein im Moment des Abfußens

des Abfußens senkt sich diese Seite des Pferderückens unter dir. Natürlicherweise begleitet dein Po beziehungsweise Bein diese Bewegung, der Schenkel schwingt (von hinten nach vorne) an den Pferdebauch ran. Möchtest du treiben, verstärkst du diese Bewegung, wenn nicht, begleitest du sie nur. Im Alltag sieht man sehr oft das Gegenteil, nämlich ein Treiben (von vorne nach hinten) mit einem hochgezogenen Bein (oder der Ferse), nicht im Rhythmus des abfußenden Hinterbeins.
Nur wenn du im Schlaf weißt, wann welches Hinterbein abfußt, und auch fähig bist, dies mit dem Becken nachzuahmen, sind korrekte Biegungen (jede Ecke der Reitbahn!) und Seitengänge möglich.

WENDUNGEN UND BIEGUNGEN

Machen wir uns kurz bewusst: Eine korrekte Stellung und Biegung sind nicht nur körperlich, sondern auch mental eine ziemliche Herausforderung für die meisten Pferde. Es verlangt großes Vertrauen, den Blick nach außen aufzugeben. Für eine korrekte Biegung muss das Pferd seine innere Körperhälfte zusammenziehen und entsprechend die äußere Seite dehnen und damit seine verletzliche Flanke nach außen freigeben. Wir können ihm hier durch den zurückgelegten Schenkel vermitteln: „Ich weiß, dass du verletzlich bist, du kannst mir folgen, ich passe auf dich auf."
Die schwierigste Form der Biegung ist anfangs in meinen Augen der Zirkel. Zirkel auf dem ersten Hufschlag werden gern etwas eckig, besonders das Abwenden auf die offene Zirkelseite ist eine Herausforderung. Auch Zirkel auf dem zweiten oder dritten Hufschlag gleichen eher Eiern oder variieren bei jeder Runde bezüglich Form und Größe. Pferd und Reiter „schwimmen" auf Zirkeln oft etwas.
Einfacher ist zunächst meist, eine (große) Volte, am besten um eine Pylone oder Ähnliches, zu reiten. Das ist eine optische Hilfe, Pferd und Reiter wissen, wo der Mittelpunkt ist. Die kleinere Biegung ist stabiler und einfacher zu halten.

Volte um einen Gegenstand: Auf dem inneren Hinterbein durch die Biegung

Der Blick hilft, den Radius zu halten. Das Pferd steht an den Außenhilfen, der innere Zügel ist leicht.

Noch einfacher ist es, mit Kehrtvolten zu beginnen. Die erste Hälfte der Volte ist immer die einfachere. Du übst auf der Kehrtvolte, die korrekte Hilfengebung des Abwendens in Stellung und Biegung ein paar Schritte zu halten, und bekommst so ein Gefühl dafür, welches du dann irgendwann auf eine ganze Volte mitnehmen kannst.

DAS REITEN EINER BIEGUNG AM BEISPIEL EINER ECKE

Kurz vor der Ecke konzentrierst du dich auf das abfußende innere Hinterbein und aktivierst es in der Ecke vermehrt. Gleichzeitig hebt und öffnet sich die innere Hand mit weichem Handgelenk in dem Maße, in dem es nötig ist, in Form des *Yogazügels* – eventuell kombiniert mit sich schließenden *Piano-Fingern* (lockere Faust schließt sich beginnend aus dem kleinen Finger). So bittest du das Pferd, dir sein (inneres) Ohr zu schenken. Das ist eine spannende Terminologie, oder? „Schenkt dir jemand sein Ohr", dann „folgt" er dir mental (Folge-mir-Button). Ein *schöpfender Außenzügel* kann das Pferd, wenn nötig, vermehrt schließen. Sanft, aber klar kommunizierst du so, was du dir sowohl von Vorhand als auch der Hinterhand des Pferdes wünscht. Um eine Biegung zu erzielen, musst du beide „Enden" ansprechen können. Der Yogazügel allein oder in Kombi mit dem schöpfenden Zügel, um Stellung zu geben, stellt die Weichen für die biegende Schenkelhilfe. Letztlich entsteht eine Biegung nicht aus dem Herumnehmen des Halses, auch das innere Hinterbein muss seine Laufrichtung leicht ändern, statt in die Spur der Vorhand schmaler nach vorne treten.

BUTTONS UND ZÜGELHILFEN

Der Yogazügel gemeinsam mit der Aktivierung des Gurtbuttons durch den Schenkel spricht alle Buttons vom Gurt nach vorne an, der schöpfende Zügel, alle hinteren Buttons.

HÄNDE AUF DEN TISCH

Ich hatte weiter vorn die Zombiehände als eine Art Nullposition beschrieben. In dem Augenblick, indem du nun aber kommunizieren möchtest, mit dem *Yogazügel* oder dem *schöpfenden Zügel*, ist es hilfreich, sich vorzustellen, deine Handflächen sind mit einem Faden, vielleicht sogar einem leichten Gummiband mit deinem Bauchnabel verbunden. Das hilft, die Hände auf einer funktionellen Höhe zu führen, was entscheidend ist für gute Balance. Sind sie zu hoch, kommst du tendenziell in Rücklage, sind sie zu tief, kippst du eher nach vorne. In Horse Speak hat sich hierfür der Begriff „Hände auf den Tisch" etabliert.

DER SCHÖPFENDE ZÜGEL

Was eine „schöpfende" Hand am Strick oder ein „schöpfender" Zügel ist, ist für uns zunächst gar nicht so einfach zu verstehen. Es handelt sich dabei um eine Art annehmenden Zügel, der aber ohne Muskelkraft auskommt.
Gestartet wird der *schöpfende Zügel* aus den kleinen Fingern, die Daumen drehen sich nach außen, das Schulterblatt rotiert. Ein hilfreiches Bild ist, mit den Händen Wasser zu schöpfen, als wolltest du aus einem Brunnen trinken. So führst du deine Hände in einer rotierenden Bewegung aus dem gesamten Arm beziehungsweise aus dem Schulterblatt heraus in Verbindung mit deiner Körpermitte zu deiner Körpermitte hin, also zum Bauchnabel.
Die Bewegung unseres Arms im *schöpfenden Zügel* wirkt direkt auf unser gleichseitiges Becken, es hebt sich und lädt das Pferd auf natürliche Weise ein, uns in die (gemeinsame) Balance zum gemeinsamen Schwer-

punkt zu folgen. Wenn das Pferd körperlich und mental durchlässig u n d bereit ist, mit dir zu kommunizieren und dir zu folgen, wird diese annehmende Hilfe durch das gesamte Pferd, durch alle Buttons, und schließlich beugend auf die Gelenke der Hinterhand wirken (*Setz-dich-Button*). Anfangs handelt es sich also um eine einseitige Hilfengebung, die sich mit der Rittigkeit oder dem fortgeschrittenen Verständnis immer mehr Richtung diagonaler Hilfengebung verschiebt, das innere Bein zur äußeren Hand. Die innere Hand hilft nur kurz, wenn der *Folge-mir-Button* fest wird – eher durch einen lösenden Yogazügel. Dann probierst du vielleicht die schöpfende Hand nochmals.

Sharon beschreibt den *schöpfenden Zügel* als eine andere Version der offenen *Palm down is calm down*-Hand. *Palm down is calm down* entspannt den Oberkörper, *Palm up* (Handfläche nach oben) verbindet/(ver-)sammelt den Unterkörper. Der *schöpfende Zügel* macht ein Halten in Balance möglich. Die Wirkung dieser Bewegung geht ganz natürlich durch unseren gesamten Körper, denn sie ist intrinsisch. Mittels des schöpfenden Zügels ermutigen wir die Pferde ohne (muskuläre) Krafteinwirkung, die Wirkung, die er auf uns hat (Becken kippt), zu spiegeln. Wir sitzen „tiefer ein" – sie auch. Es ist quasi ein Gespräch von „Knochen zu Knochen" und zu Sehnen, Bändern, Faszien und kleinen Muskeln. Wir müssen keine (großen) Muskeln einsetzen. Das heißt, es entsteht (fast) kein Druck, den das Pferd mit Gegendruck beantworten müsste. Der Weg in die Leichtigkeit ist geebnet.

Bei einem jungen oder vorbelasteten Pferd kannst du den schöpfenden Zügel, um anzuhalten, gut erst einmal einseitig einbringen. So bleibt „eine Tür noch offen". Alle Yogazügel helfen, anfangs durch eindeutige Klarheit, und werden mit der Zeit immer kleiner, bis sie unsichtbar sind und du nur noch daran denken musst.

Die Idee des Schöpfens geht durch beide Körper.

> *»Der schöpfende Zügel ebnet uns den Weg in die Leichtigkeit.«*
>
> *Kirsti*

SCHUTZ VON OBEN

Sicherheit und *Schutz* bekommt in dem Moment, in dem der Reiter vom Boden „verschwunden" ist, nochmals eine neue Dimension. Die Möglichkeit, sich „hinter dem Reiter zu verstecken" gibt es nicht mehr. Das Pferd muss jetzt doppelt wissen, dass derjenige, der auf seinem Rücken sitzt, ihm wirklich „den Rücken freihält", also Verantwortung übernimmt und nicht nur an seinem eigenen guten Aussehen interessiert ist. Nur

dann wird es sich wirklich loslassen, schwingen und schließlich versammeln.
Auch auf dem Pferd können wir durch Kommunikation mit den Buttons *Schutz* geben und die *Verbindung* stärken, welches wiederum ein Gefühl von *Sicherheit gibt*: Der *Fellpflegebutton* direkt vor dem Sattel beruhigt, balanciert aus und kann Verbindung und Vertrauen von oben verbessern. Mittels der beiden *Hüftbuttons* hinter dem Sattel auf beiden Seiten gebe ich dem Pferd zu verstehen, dass ich mir meiner Verantwortung bezüglich des *Schutzes* bewusst bin: *„Ich halte dir den Rücken frei."*
Das Zurücklegen des Schenkels ermöglicht es, den *Verletzlichkeitsbutton* anzusprechen: *„Bleibe bei mir, ich weiß, dass du verletzlich bist und schütze dich"*.
Vielleicht hilft es auch schon, die mentale Verbindung zum *Gurtbutton,* dem naheliegendsten Punkt zu stärken: *„Wir sind ein Team, wir machen das zusammen."*
Man könnte all dies auch „mentale Hilfengebung" nennen, wenn „Hilfe" wirklich im Sinne von „helfen" verstanden wird.

THERAPEUTISCHES RÜCKWÄRTS GERITTEN

Auch das *Therapeutische Rückwärts* basiert auf Tai-Chi. Es setzt körperlich und mental in Balance und erdet. So ist es zum Beispiel sinnvoll, es gleich nach dem Aufsteigen an der Aufsteigehilfe einzusetzen, um dem Pferd zu helfen, in dieser oft stressbehafteten Situation wieder „zu sich" zu kommen. Viele Pferde denken ab dem Augenblick, in dem ein Mensch auf ihrem Rücken sitzt, in einem ungesunden Maß nach vorne. Sie sind eigentlich auf der Flucht. Die Möglichkeit im Kopf zu haben, es könnte auch zurückgehen, tut ihnen gut. Sie hören genauer hin, was der Mensch eigentlich möchte.
Außerdem hebt das *Therapeutische Rückwärts* auch die Qualität der daraus folgenden Schritte, Tritte oder Sprünge. Wieder geht es nur um die Anfrage, ob ein Pferd dir in das Rückwärts folgen würde, da reicht ein Bein und auch ein Zurücklehnen.

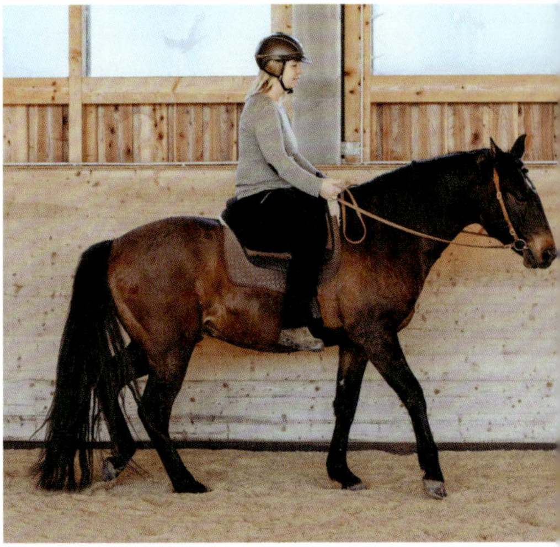

Rückwärts „schöpfen" ist ohne Muskelkraft möglich.

Nimm für das *Therapeutische Rückwärts* aus dem Sattel eine leichte *O-Haltung* ein, das vereinfacht das Untertreten der Hinterbeine deines Pferdes. Dreh deine Handflächen zum Boden. Lass dein Kinn etwas fallen, das hilft dem Pferd, sein Genick zu lösen, und unterstützt deine *O-Haltung* mit einem runden unteren Rücken. Dreh deine Daumen nach außen und *schöpfe aus deinen kleinen Fingern in* Richtung deines Bauchnabels. Deine Unterschenkel denken zum *Spring-auf-Button.* Es geht sozusagen darum, sich „rückwärts zu entspannen", sodass auch dein Pferd sich setzen kann.

> *»Eine O-Haltung erlaubt dem Körper, zu sich selbst zu sprechen.«*
>
> *Sharon*

DER EINZELNE SCHRITT

Für den einzelnen Schritt nimmst du jeweils einen Zügel „hoch und rüber", das heißt öffnend vom Pferd weg. Das kannst du bis zu dreimal auf beiden Seiten machen.
„Folgt" dein Pferd deiner Anfrage, fragst du es, ob es einen Schritt machen könnte, gern nach beiden Seiten.
Die Herausforderung für dich ist tatsächlich, die Hilfe so zu dosieren, dass ihr nur einen einzelnen Schritt geht, ohne dass du zum Anhalten ziehen musst. Du fragst: „Würdest du bitte?", das Pferd setzt sich in Bewegung. Im selben Augenblick antwortest du: „Danke, das wollte ich nur wissen."
Wenn das anfangs nicht gelingt, das Pferd beispielsweise mehr Schritte macht, ist das nicht schlimm. Nimm es wahr und versuche, die Dosierung deiner annehmenden Hilfe zu verfeinern.
Das erfordert Konzentration von Pferd und Reiter, verbindet und zeigt Bewusstsein für jeden einzelnen Schritt vom ersten Moment an. Eine tiefere Verbindung für die weitere Reiteinheit ist geschaffen.

Backe-Hals-Schulter-Gurt: Würdest du einen Schritt gehen?

EINE ÜBERSICHT DER HILFEN

Ich möchte eine Kurzübersicht zu den Hilfen anbieten, gleichzeitig aber betonen, dass alle Yogazügel in „tausend" verschiedenen Arten angewandt und zusammengesetzt werden können.

Begrüßen aus dem Sattel:
Zügel sanft, aber klar anheben
Angehen:
Yogazügel durch Backe-Hals-Schulter plus ein Impuls am Gurtbutton mit dem Bein
Halten:
Schöpfender Zügel an beiden Zügeln gleichzeitig
Therapeutisches Rückwärts:
Schöpfender Zügel, O-Haltung, Beine denken zum Spring-auf-Button
Wenden/Biegung:
1. Backe – 2. Backe-Hals – 3.Backe-Hals-Schulter mit verbindendem, aktivierendem biegendem Bein am Gurt. Den Verletzlichkeitsbutton mit dem äußeren Bein umarmen
Halbe Parade:
Kurzzeitiges Einwirken des Reiters mit all seinen Hilfen auf sein Pferd. Der schöpfende Zügel ist nicht nur als „die Zügelhilfe innerhalb einer halben Parade" zu sehen, denn er wirkt auf unseren gesamten Körper und den des Pferdes.

Auch im Sattel bleiben wir im Dialog.

GEMEINSAM DIE WELT ERKUNDEN

In der allerersten Session meines Studiums bei Sharon sollten wir mit der Runde teilen, was uns von Horse Speak überzeugt hat. Eine Mitstudierende aus den USA sagte in etwa: „Ich habe unzählige Kurse bei bekannten Trainern besucht, aber Sharon gab mir das Wichtigste an die Hand, und das in einem Satz: ‚Geh auf alles ein, was dein Pferd dir sagt.'"

Ganz besonders wichtig wird dies beim Ausreiten. Zeige deinem Pferd gerade hier immer, dass du wirklich bei ihm bist, indem du nach rechts schaust und zeigst, wenn es nach rechts schaut, weil es etwas gehört oder gesehen hat. Das gilt natürlich ebenso für links. Es spricht gar nichts dagegen, die Situation auch in Worte zu fassen, das ist beruhigend für euch beide, etwa: „Ja, da kommt eine Frau mit einem Kinderwagen, die sehe ich." Anschließend lässt du, begleitet durch ein verbales: „Das ist aber nicht schlimm", deinen Arm wieder sinken, ähnlich einem Pferd, das den Kopf wieder senkt und zum Grasen zurückkehrt.

(Aus)Reiten wird insofern etwas „anstrengender". Statt auszureiten, um nach der Arbeit abzuschalten, geht es (auch) darum, Verantwortung zu übernehmen und auf dem Pferd wirklich im Dialog zu bleiben.

Weiß sich dein Pferd beschützt, ...

... kann es auch die Gangart erhöhen.

Das Thema wird vorrangig *Schutz* sein. Zum Beispiel in Form einer „Ich halte dir den Rücken frei"-Message: Bummeln wir im Gelände gemütlich am langen Zügel dahin und Brilli nimmt vor uns etwas wahr, hebt den Kopf ein wenig, dann nehme ich die Zügel nicht kürzer und bestätige damit seinen Stress, sondern berühre ihn erst einmal sofort mit einer Hand an der Kruppe, am *Hüftbutton,* und vermittle ihm damit, dass ich ihm den Rücken frei halte, ganz gleich was passiert. Meist reicht das und er kann entspannt weiterlaufen.

FÜHREN UND BESCHÜTZEN

Ist man in einer Gruppe unterwegs, zeigen die Pferde einem übrigens (wenn man sie lässt), welche Reihenfolge sie bevorzugen. Die allermeisten Pferdepersönlichkeiten sind tatsächlich in der „Mitte des Sandwiches" am glücklichsten: vorne geführt und hinten beschützt.

Der Grund, weshalb Brilli draußen oft eher zögert, zu traben oder galoppieren, ist keine „Faulheit". Er erhöht die Gangart nicht gern, weil er „schnell, schnell" im Vorbeieilen nicht für unsere *Sicherheit* sorgen kann.

WIE EINE HERDE

Insgesamt gestalte ich Ausritte nun ähnlicher dem Umherziehen einer Herde, also so gechillt wie möglich, mit Pausen, um hier und da einen zarten Ast zu kosten oder auch einfach über das Land zu gucken. Lass „Ausreiten" zu einer auch für dein Pferd bereichernden gemeinsamen Zeit werden. Ich steige sehr selten direkt am Hof auf. Es tut mir gut, ein Stück zu laufen. Auch steige ich sicherlich eine Viertelstunde vor dem Hof wieder ab. Das *Gemeinsam-irgendwohin-Gehen* stellt eine unschlagbar verbindende Zeit dar. Möchte ich dann aufsteigen, suche ich mir einen Baumstamm – Brilli positioniert sich perfekt, und lehnt sich immer zu mir her.

SICHERHEITSBÄUME

Ist das Ausreiten „belastet", empfiehlt es sich, eine sehr kurze Strecke zuerst geführt über „Sicherheitsbäume" zu erobern: Ihr geht gemeinsam zu dem ersten Baum oder Pfosten, Stein oder einer Bank (irgendetwas Stabilem im nahen Umfeld zum Hof). Du berührst es als Erste und zeigst somit, dass du es gecheckt hast. Ihr pausiert kurz und entspannt euch. Bietet sich so gar nichts an, verteile vorher ein paar Pylonen. Durch die Punktekombination *Backe-Hals-Schulter* und evtl. auch *Gurt* („bleib an meiner Seite") forderst du dein Pferd auf, dich zum nächsten Sicherheitsobjekt zu begleiten. Gehe nur so weit, wie es euch beiden gelingt, im *Zero* zu bleiben. Beim nächsten Mal versuchst du vielleicht einen Baum (Pylone etc.) weiterzukommen und gehst dann nach begeistertem Loben wieder heim.

Ist dies am Boden wirklich sicher, setzt du es geritten um. Fange ebenso klein an, gib dich mit sehr wenig zufrieden. Im Endeffekt kommst du schneller voran, als wenn du gleich zu viel willst.

WEIL DU ES MIR WERT BIST

Dieses Vorgehen halbherzig einige Male zu versuchen, bringt in schwierigeren Fällen übrigens nichts! Es muss es dir wert sein, über Monate viel Zeit zu investieren. Ich finde, den Versuch sollte es uns immer wert sein. Kein Pferd hat es verdient, sein Leben zwischen Box, Koppel und Platz zu verbringen.

Jede Pylone ist eine Chance, wieder ins Zero zu gelangen.

HORSE SPEAK VERÄNDERT ALLES

Ob oder wie sich die neuen Erkenntnisse mit der reiterlichen Ausbildung vereinbaren lassen, ist eine Frage, die die meisten nach ihrem ersten Horse Speak-Kurs beschäftigt. Ich hoffe, dieses Buch hilft dir bei der Beantwortung dieser Frage. Das Ziel kann das Gleiche sein wie bisher, der Weg ist oft ein anderer.

Reiten rein nach der Horse Speak-Philosophie bleibt immer eine Zweirichtungsstraße und wird (außer in Notsituationen) niemals zur Einbahnstraße. Beide dürfen Vorschläge machen, *My turn, your turn*. Du nimmst wahr, was das Pferd auf dein Angebot antwortet, immer wieder. Du lässt es den *Raum nach Belieben füllen,* wie Sharon es ausdrückt. Weil Pferde als Fluchttiere gern in Balance sein möchten, nehmen sie das Angebot, über gute Balance nachzudenken, meist gerne an. Diese Einstellung zum Reiten geht vermutlich gegen alles, was du bisher gelernt hast. Reitanweisungen begannen meist mit: „Das Pferd muss …". Beim Militär und als Arbeitspferd in der Landwirtschaft „musste" das Pferd tatsächlich. Die Zeiten haben sich aber geändert, wir hätten eigentlich die Möglichkeit, dem Pferd, das wir oft als „Freund" oder sogar „Seelenpferd" bezeichnen, Mitspracherecht zu geben, so wie es einem Freund zusteht. Alte Glaubenssätze, die Blicke der Stallkolleginnen, der Wunsch aufs Turnier zu gehen oder eine bestimmte Lektion zu können, bringen uns in einen inneren Zwiespalt.

Natürlich gibt es einen besonders guten Grund, nämlich die Gesundheit, ein Pferd „von der Couch zu schubsen, um joggen zu gehen", auch wenn es nicht so begeistert ist – einfach, weil sonst die Verfettung und somit Rehe oder Ähnliches droht. Und wenn in Horse Speak eigentlich alles mit einem

Feine Hilfen durch Verbindung im Herzen

einzelnen ersten Schritt beginnt, muss es langfristig nicht dabei bleiben, nur einen Viertelzirkel zu traben. Sind die körperlichen und mentalen Grundlagen ehrlich gelegt, lässt sich alles zu einem vernünftigen Grad ausweiten.

Es gibt ein wunderbares amerikanisches Sprichwort, welches besagt: „Wenn du an einen neuen Ort gelangst, warte. Es braucht Zeit bis die Seele nachkommt." Ist der Same des Gedankens, auch beim Reiten dein Pferd zu *sehen* und einen Dialog zu führen, gesät, ändert dies etwas, auch wenn es vielleicht etwas dauert, aber:

Horse Speak verändert alles!

MEINE GESCHICHTE

Ich bin Teil eines Podcasts über Pferdesprache, ich halte Webinare und Kurse. Und ich liebe es, den Menschen mein Wissen über die Sprache der Pferde und Pferdeausbildung weiterzugeben.
Das war nicht immer so.
Ich habe als Kind gestottert und auch als (junge) Frau noch. Ich wurde nie gehänselt, dennoch hat es mein Leben stark geprägt. Ich stellte immer wieder die Frage: „Warum ich? Warum kann ich nicht ‚normal' sein wie alle anderen?"
Mein Lehramtsstudium habe ich bei der Vorstellung, vor einer Klasse stehen zu müssen, abgebrochen. Von Kindheit an durchlief ich verschiedenste Therapien – erfolglos. Letztlich konnte ich mir nur selbst helfen, entscheidend war mein großer Wunsch, für die Pferde dieser Welt etwas zum Positiven zu bewegen. *Horse Speak* bzw. Sharon hat mein Leben verändert, sie hat mir uneingeschränktes Vertrauen geschenkt, vom ersten Moment, in dem wir uns trafen. Für diese Mission begann ich, mich hinzustellen und vor Leuten zu sprechen. Ich war sehr verletzlich, dennoch habe ich mich meiner größten Angst gestellt, immer wieder.
Sharon ist ein ganz besonderer Mensch. Nicht umsonst musste die Welt auf die Entschlüsselung der Sprache der Pferde auf sie warten. Wie oft höre ich von Horse Speak-Einsteigern den Satz: „Warum hat mir das niemand vorher gesagt?" Mir ging es genauso. Sharon sagte einmal zu mir: „Ein Lehrer kommt erst, wenn du dafür bereit bist." Ich war bereit, flog einem Gefühl folgend nach Seattle, um einem Kurs über die Sprache der Pferde beizuwohnen. Ähnliches war vorher eigentlich gar nicht meins, mein Interesse galt der klassischen Pferdeausbildung. Ich war bereit, mich wieder auf etwas völlig Neues einzulassen. Das war der Startschuss, mich von einem unsicheren Menschen zu einer Mentorin für Menschen und Pferde zu entwickeln. Parallel dazu entwickelte sich mein Lusitano Brilhante vom „skeptischen Prinzen" zu einem wunderbaren Mentor.
Vielleicht ist auch meine Geschichte ein Grund, warum mir so viel daran liegt, Pferden eine Stimme zu schenken. Ich weiß wie es ist, wenn man nicht ernst genommen wird, nur weil man nicht sprechen kann. Das ist sicher ein Grund, warum ich immer gerne geschrieben habe. Dieses Buch, mein absolutes Herzensprojekt, ist eine gute Gelegenheit, zu meiner Geschichte zu stehen und so vielleicht allen Mut zu machen, sich nicht zu verstecken – aus welchen Gründen auch immer.

Eure Kirsti

Kirsti Ludwig und Brilhante

*»Die einzige Meinung,
um die du dich kümmern musst,
ist die deines Pferdes.«*

Sharon

☞ BUTTONS UND IHRE BEDEUTUNG

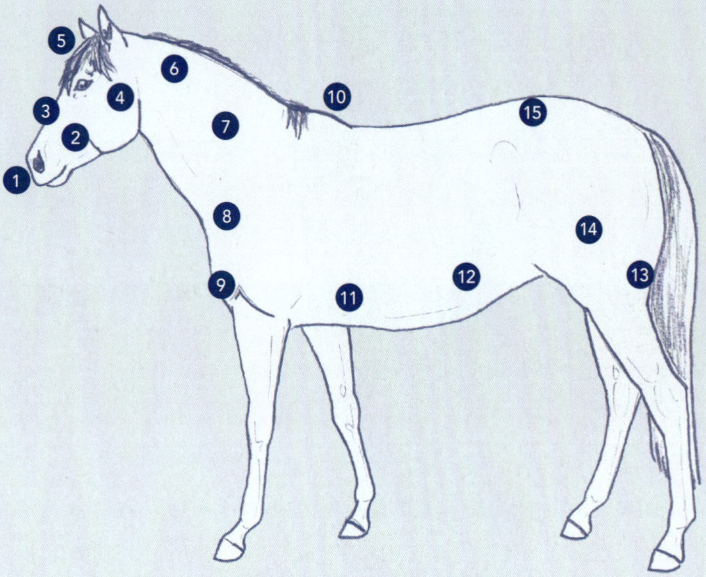

1 Begrüßungsbutton
Pferde freuen sich, wenn du dir Zeit nimmst für eine förmliche Begrüßung oder ein freundliches „Hallo" an diesem Pukt zwischen den Pferdenüstern.

2 Spielbutton
Der Spielbutton liegt oberhalb der Maulspalte. Ihn zu berühren bedeutet: „Ich möchte mit dir spielen."

3 Nasenrückenbutton
Die Botschaft des Nasenrückenbuttons ist kraftvoll. Er bietet dem Pferd tiefes Vertrauen und Nähe an. Sei also achtsam, wenn du mit dem Kappzaum arbeitest.

4 Backenbutton
Pferde klären Führung über Raumanspruch. Sie nutzen den Backenbutton auf der Mitte der Backe, um ihren Raum zu definieren. Uns hilft er beim Longieren.

5 Freundschaftsbutton
Über den Freundschaftsbutton auf der Stirn drücken Pferde freundliche Verbindung und Wohlbefinden aus.

6 Folge-mir-Button
Der Folge-mir-Button befindet sich am höchsten Punkt des Genicks. Schützende Anspannung in diesem Bereich löst das Pferd erst, wenn es Vertrauen hat.

7 Mittelhalsbutton
Der Mittelhalsbutton liegt beidseitig in der Mitte des Halses. Er stellt eine Möglichkeit dar, die Bitte um Raum zu unterstreichen.

8 Schulterbutton
Am Schulterbutton sprechen wir über Raum und das Angehen. Er liegt am Buggelenk.

9 Rückwärtsbutton
Der Rückwärtsbutton liegt im kleinen Dreieck zwischen Schulter und Bein. Wird er sanft aktiviert, tritt das Pferd zurück – und ins Gleichgewicht.

10 Fellpflegebutton
Der Fellpflegebutton steht gemeinsam mit dem Gurtbutton für Verbindung, auch von oben, beim Reiten. Er liegt am Widerrist.

11 Gurtbutton
Diesen Button nennt man auch Teambutton. Das Bewusstsein für ihn ist beim Führen. Longieren oder Reiten sehr hilfreich.

12 Spring-auf-Button
Er liegt im Bereich der Flanke und wird auch als Verletzlichkeitsbutton bezeichnet. Zugang zu diesem Punkt zu bekommen, setzt viel Vertrauen voraus.

13 Setz-dich-Button
Dieser Button rahmt das Pferd mit dem Nasenrückenbutton ein. Hier geht es um Entspannung, es kann aber auch energische Bewegung entstehen.

14 Mach-Platz-Button
Dieser Button ist für Gespräche über den hinteren Raum des Pferdes zuständig.

15 Hüftbutton
Der Hüftbutton liegt auf beiden Seiten der Hüfte. An ihm können wir die Botschaft vermitteln: „Ich beschütze dich."

SERVICE

NÜTZLICHE ADRESSEN

Horse Speak
Kirsti Ludwig
Am Mühlberg 16
82319 Starnberg
kirstiludwig.de

Sharon und Laura Wilsie
48 Pine Grove Rd
Alstead, NH 03602, USA
sharonwilsie.com

Natural Zest
Tai-Chi-Schule
Methoni 24006
Griechenland
Naturalzest.co.uk

ZUM WEITERLESEN

Krüger, Konstanze, Marr, Isabell, **Forschung trifft Pferd**, Neuste Erkenntnisse für ein besseres Verständnis; KOSMOS 2022
Schluss mit Pferde-Mythen! Prof. Dr. Konstanze Krüger und Dr. Isabell Marr stellen die aktuellen Erkenntnisse der Verhaltensforschung vor und zeigen, wie sich dieses Wissen bei Ausbildung und Training sowie im täglichen Umgang nutzen lässt.

Krüger, Konstanze, Marr, Isabell, Farmer, Kate: **Lateralität bei Pferden**, Was körperliche Schiefe, motorische Händigkeit und sensorische Lateralität bedeuten und wie Pferde in Balance kommen; KOSMOS 2024
Wie der Mensch verwenden Pferde ihre Körperseiten ungleichmäßig. Man spricht von Lateralität. Dieses Buch erklärt aktuelle Forschungsergebnisse und zeigt, wie der Vorzug des Pferdegehirns für eine Körperseite mit dem täglichen Umgang, der Haltung und der Gesundheit des Pferdes in Wechselwirkung steht.

Schneider, Marius: **Trainingsbuch Bodenarbeit**; Gymnastizierende Ausbildung für jedes Pferd; KOSMOS 2021
Bodenarbeit gymnastiziert das Pferd, bereitet es optimal auf das Reiten vor und macht es fit für immer weiter fortschreitende Lektionen. Doch nicht nur Balance, Kraft und Beweglichkeit werden verbessert, sondern auch die entscheidende Grundlage für jede Zusammenarbeit zwischen Pferd und Mensch: die Kommunikation.

Wilsie, Sharon/Vogel, Gretchen: **Sprachkurs Pferd**, Pferdesprache lernen in 12 Schritten; KOSMOS 2018
Jedes Zucken von Ohr oder Nüster, jede Bewegung des Pferdes hat eine Bedeutung. Pferde reden mit uns, doch die meiste Zeit übersehen wir diese Signale. Mit diesem Übersetzungshelfer lernen wir, die Sprache unserer Pferde zu verstehen und uns mit ihnen so zu unterhalten, dass sie unsere Wünsche verstehen und sich verstanden fühlen.

Wilsie, Sharon: **Mit Pferden sprechen**, Erfahrungen aus dem Alltag mit Pferden; KOSMOS 2019
Anhand vieler konkreter Pferdegeschichten zeigt Sharon Wilsie, wie sich Horse Speak entwickelte und wie es uns im täglichen Umgang mit dem Pferd helfen kann. Beeindruckend und schön zu lesen.

Wilsie, Sharon: **Sprachkurs Pferd**, Pferdesprache lernen in 12 Schritten; DVD-Video KOSMOS 2020
In dieser DVD zeigt Sharon Wilsie an Fallbeispielen, wie Pferde auf artgerechte Kommunikation reagieren. Ein beeindruckendes Dokument über echte Freundschaft und ein vertrauensvolles Miteinander von Pferd und Mensch.

Wilsie, Sharon: **Sprachkurs Pferd**, Das Trainingsbuch. KOSMOS 2023
In „Sprachkurs Pferd“ hat Sharon Wilsie gezeigt, wie es gelingt, eine wundervolle Verbindung zwischen Mensch und Pferd zu schaffen. Nun geht es weiter: So unterstützt uns Horse Speak bei der täglichen Arbeit mit dem Pferd und hilft dabei, das Pferd sicherer zu machen und es weiter auszubilden.

REGISTER

DANKE

Danke aus ganzem Herzen an Sharon und ebenso der wunderbaren Laura.
Danke an meinen geliebten Sohn Maxx und Schiromi für die großartigen Bilder. Maxx, du bist das Wichtigste auf der Welt für mich. Danke Gereon, Brigitte, Nathalie und Marius, meine wichtigsten reiterlichen Ausbilder. Danke an Bettina und Marion, Despina und Verena. Danke an Kosmos bzw. Birgit für ihre Professionalität, Empathie, Offenheit, Gelassenheit und Freundlichkeit.
Und letztlich danke an alle Pferde, denen ich begegnet bin, ganz besonders Blika und Brilhante.

Horse Speak
—— verändert alles

216 Seiten

Jede Bewegung des Pferdes hat eine Bedeutung. Es redet mit uns, doch die meiste Zeit übersehen wir diese Signale. Mit diesem Übersetzungshelfer lernen wir, die Sprache der Pferde wirklich zu verstehen.

312 Seiten

Der Dialog geht weiter. Sharon Wilsie erklärt, wie uns Horse Speak im täglichen Umgang mit dem Pferd unterstützt und dabei hilft, eine wahre Verbindung aufzubauen.

320 Seiten

Anhand vieler authentischer Pferdegeschichten zeigt Sharon Wilsie, wie sich Horse Speak entwickelte und wie sie es in der Praxis einsetzt, um mit dem Pferd zu kommunizieren.

Inhalt der DVD als Streaming verfügbar auf kosmos.de

Webinare von Sharon Wilsie finden Sie auf kosmos.de

BILDNACHWEIS

175 Fotos wurden von Maximilian Ludwig / Kosmos für dieses Buch aufgenommen. Weitere Bilder sind von Schiromi Kohler (S. 10, 17, 19, 42, 49, 51, 56, 65, 66/67, 70, 71, 80/81, 82/83, 84, 91, 104, 105, 106, 126, 128/129, 137, 140, 141, 153) und Victoria Vidal (S. 23).

IMPRESSUM

Umschlaggestaltung von GRAMISCI Editorialdesign / Isabelle Fischer, München, unter Verwendung von Farbfotos von Maximilian Ludwig.

Mit 207 Fotos und einer Illustration

Alle Angaben und Methoden in diesem Buch sind sorgfältig recherchiert, erwogen und geprüft. Sie entbinden den Pferdefreund nicht von der Eigenverantwortung für sein Tier und sich selbst. Die Anwendung der beschriebenen Methoden liegt in eigener Verantwortung. Der Verlag und die Autorin übernehmen keine Haftung für Personen-, Sach- oder Vermögensschäden, die aus der Anwendung der vorgestellten Materialien und Methoden entstehen.

Unser gesamtes Programm finden Sie unter **kosmos.de**.
Über Neuigkeiten informieren Sie regelmäßig unsere Newsletter, einfach anmelden unter **kosmos.de/newsletter**

Gedruckt auf chlorfrei gebleichtem Papier

ISBN 978-3-440-17749-5
Redaktion: Birgit Bohnet
Gestaltungskonzept: Peter Schmidt Group GmbH, Hamburg
Gestaltung und Satz: Atelier Krohmer, Dettingen/Erms
Produktion: Claudia Frank
Druck und Bindung: Westermann Druck Zwickau GmbH, Zwickau
Printed in Germany / Imprimé en Allemagne

FSC® C110508